KB008080

나의 이야기를 보는 것 같아 많은 부분에서 공감도 되고 위로도 받았다. 육아로 커리어를 포기해야 하는 엄마들과 아이의 육아에 신경 쓰지 못해 죄책감에 시달리는 엄마들이 너무 많다. 이 책을 읽고 많은 엄마들이 힘을 얻고 자신의 이름을 찾았으면 좋겠다. 주변의 엄마들과 곧 결혼할 동료들에게 꼭 추천해주고 싶은 책이다.

— **권민경**(41세, 워킹맘 5년차)

여성들이 겪고 있는 불편함을 모두 이해하고 있다고 생각했는데 전혀 아니었다. 읽고 나니 주말에도 홀로 식구들을 위해 음식을 하는 엄마의 뒷모습이 다르게 보였다. 엄마는 행복할까. 이 책을 여자나 엄마만이 아닌, 남자 혹은 남편 그리고 아버지들이 꼭 읽어봤으면 좋겠다.

— **김대현**(25세, 대학생, 미혼 남성)

엄마도 내게 말해주지 않았던, 결혼과 육아에 대한 진짜 한국 여성의 삶을 그려냈다. 엄마가 돼본 적은 없지만 읽는 내내 공감이 갔다. 아닌 걸 알면서도 끊임없이 자기 검열을 하고, 결혼이란 제도에 대해 고민하는 나와 같은 여성들이 꼭 읽어봐야 할 책이다. 오늘은 태어나서 처음으로 엄마의 이름을 불러주고 싶다.

— **박서희**(26세, 건축 회사 근무, 미혼 여성)

이 책을 읽고 한동안 이름조차 제대로 불러준 적 없는 아내에게 미안했다. 남편으로서 내가 누리던 많은 것들이 실은 아내의 희생으로 만들어졌다는 사실을 깨달았다. 남자이자 아빠인 사람들이 이 책을 읽고 아내 또한 자신과 똑같은 것을 누려야 할 권리가 있다는 것을 깨달았으면 좋겠다.

— **배재성**(47세, 회사원, 두 아이의 아빠)

아이를 낳고 복직한 후 야근으로, 회식으로 귀가가 늦어질 때마다 죄책감에 시달렸다. 야근도 회식도 일의 연장이니 어쩔 수 없다고 합리화를 했지만, 집에 들어가자마자 애타게 기다렸다는 듯 달려드는 아이를 보면 마음이 아팠다. 좀 더 많은 여자들이 이 책을 읽고 그런 죄책감에서 벗어났으면 좋겠다.

— **우지현**(36세, 웹툰 회사 근무, 워킹맘 7년차)

자신의 삶과 정체성을 잃어버리면 어떨까? 여성들은 '엄마'라고 불리는 순간, 사회의 틀에 끼워 맞춰진다. 사회적 세뇌는 불안과 상실로 자리 잡게 되고, 큰 상처로 자라난다. 책을 다 읽고 나니 자신을 희생한 채 살아가는 주변의 많은 여성들이 보였다. 이 책이 익숙함에서 벗어나 자기 삶을 다시 한번 자각하는 계기가 되길 바란다.

— **이상섭**(31세, 디자인 회사 근무, 미혼 남성)

'이러고도 내가 엄마인가'라는 죄책감을 한 번이라도 느껴봤다면 꼭 이 책을 읽어보라 권하고 싶다. 세상이 요구하는 '엄마다움'과 끊임없이 불화하고 갈등해온 저자가 마침내 찾아낸 해답은 위로와 감동, 희망 그 자체다. 덕분에 나는 엄마로 살면서 '나다움'을 지킬 수 있는 방법을 정확히 배웠다. 더는 두렵지 않다.

— **이주영**(34세, 기자, 워킹맘 4년차)

여성 인권 문제를 다룬 책과 영화를 보고 '현실을 과장했다'고 생각했던 사람들에게 추천하고 싶다. 실화라 더 와닿고, 혼란스러운 감정과 고민하는 과정을 그대로 담아 뭉클하다. 이 책이 많은 사람들에게 알려줄 것이다. 여성 인권 문제가 '여성'만의 문제가 아니라는 사실을.

— **정하연**(27세, 회사원, 미혼 여성)

엄마로 태어난
여자는 없다

엄마로 태어난
여자는 없다

송주연 지음

스몰빅에듀 SMALLBIG EDUCATION

당신도 '이름 없는 엄마'로 살고 있나요?

가족과 함께 캐나다 밴쿠버에 머물 때였다. 캐나다에서 아이의 첫 학기가 시작되고 몇 달이 흐른 후 처음으로 학부모들의 공식 모임이 열렸다. 한국의 학교라면 학기 초에 이미 반 대표 엄마를 뽑고, 엄마들끼리 단체 카톡방을 열어 이런저런 이야기를 나눴을 테다. 하지만 캐나다의 초등학교에는 학부모의 모임이 따로 없었다. 학교 소식도 담임선생님을 통해 이메일로 전달받는 게 전부였다. 캐나다에서 만나는 사람이 없어 은근 외로움을 타고 있던 나는 아이 친구의 엄마들을 사귀고 싶었다. 그래서 담임선생님이 모임 소식을 알려왔을 때 나는 무척이나 반가운 마음이 들었다.

마침내 그날이 왔다. 나는 설레면서도 긴장되는 마음으로 학교로 향했다. 긴장된 탓에 걸음걸이가 빨라졌는지 예상보다 일찍 아이의 교실에 도착했다. 아기자기하게 꾸며진 교실 구석구석을 둘러보며 잠시 기다리자, 엄마들이 하나둘 모여들기 시작했다. 한 캐나다 엄마가 내게 다가왔다. 나는 미소를 지어 보이며 "Hi, I'm Francis'(아들의 영어 이름) mom"이라고 인사를 건넸다. 그러자 상대방은 의아하다는 듯 나를 쳐다보더니 내게 이렇게 되물었다.

"What's your name?"

순간, 나는 당황했다. 한국에선 아이와 관련된 모든 모임에서 엄마의 이름은 알릴 필요가 없었다. 누군가 내게 이름을 물어온 게 정말 오랜만이었다. "I'm Jooyeon Song." 내 이름을 말하는데 영어색하고 쑥스러웠다. 낯선 발음의 한국 이름이라 그 엄마는 이름을 되물었고, 나는 한 번 더 내 이름을 말해줬다. 다른 엄마들도 마찬가지였다. 그들은 아이 이름이 아닌 내 이름을 물었다. 우리는 서로의 이름을 기억했다. 이날 만난 캐나다 엄마들의 모습은 무척이나 인상적이었다. 그리고 나는 왜 이렇게 나의 이름을 말하는 게 어색해졌는지 궁금해지기 시작했다.

대부분의 사람들은 자신의 사회적 소속기관이나 직업, 그리고 이름으로 자신을 소개한다. 나 역시 그랬다. 학창 시절에는 "고등학교 3학년 송주연입니다", 기자로 일하던 시절에는 "기자 송주연입니다"라고, 아이를 낳기 전 대학원에 다닐 때는 "심리학과 대학원에 재학 중인 송주연입니다"라고 나를 소개해왔다.

그런데 아이를 낳고, 모든 것이 달라졌다. 나는 엄마가 됐고, 그때부터 나를 소개하는 말은 사회적 소속도, 직업도, 내 이름도 아니었다. 나는 스스로를 '은성이 엄마'라고 소개했고 사람들도 나를 그렇게 불렀다. 심지어 몇몇 사람들은 나를 아이 이름으로 불렀다. "은성아~"라고. 아이의 이름으로 불리면서 나는 처음부터 엄마가 되기 위해 태어났고, 나의 모든 정체감이 '엄마'로 귀결되는 느낌을 받았다. '엄마'라는 단어 앞에선 내가 무엇을 원하고, 어떤 생각을 하고, 어떤 꿈을 가진 사람인지는 중요하지 않았다.

이름은 그 사람 자체를 상징한다. '내가 그의 이름을 불러주었을 때 그는 나에게 와서 꽃이 되었다'라는 김춘수 시인의 시도 있듯, 우리는 태어나면서 이름을 부여받고 하나의 존재가 된다. 그런데 한국의 많은 여성들은 결혼을 하고 난 뒤, 자신의 이름을 잃어버린다. 이는 단순히 어떤 이름으로 불리느냐의 문제가 아니다. 여전히 많은 여성들이, 특히 결혼해서 엄마가 된 여성들이 독립된 한 개인으로서 존중받지 못한다는 의미다.

이제는 여성과 남성이 동등하게 대우받아야 하며, 공부에서도 일에서도 평등한 기회를 보장받아야 한다는 것에 토를 다는 사람은 없을 것이다. 하지만 결혼 후 여성들이 맞닥뜨리는 현실은 다르다. 결혼 생활 전반에 깊이 뿌리내리고 있는 한국 특유의 '시가 중심 가부장제'는 여성들에게 자기 자신의 삶보다 며느리, 아내 그리고 엄마라는 역할을 더 중요시하라고 가르친다. 또한, 여성 자신의 성취보다 남편의 성취, 혹은 아이들의 성취(특히 학업적 성취)가 더 중요하다고 세뇌시킨다. 결국 여성들은 임금노동을 하든, 전업 돌봄노동을 하든 상관없이 자기 자신보다 가족을 돌보는 데 더 헌신하게 된다. 게다가 여전히 그 힘을 잃지 않고 있는 모성신화는 최선을 다하고 있는 엄마들에게 끊임없이 죄책감을 유발한다.

그런데 이런 일은 오직 여성에게만 벌어진다. 서로 깊이 사랑해 동등한 동반자로서 한 가정을 꾸린 남편들은 결혼하고 아빠가 된 후에도 삶에 큰 변화를 겪지 않는다. 가장이라는 책임감이 더해지긴 하겠지만, 남편과 아빠의 역할에 갇히지 않는다(며느리와 달리 사위는 부과된 역할 자체가 없다!). 결혼한 여성들은 가족을 위해 일에서의 성공을 내려놓지만, 결혼한 남성들은 오히려 아내의 지원을 받아 직업적인 성공에 더욱 매진할 수 있게 된다. 제도적으로나 법률적으로 평등의 기반이 마련됐다 하더라도, 가부장적 성역할에 따른 일상 속 불평등은 여전히 지속되고 있는 것이다. 이런 환경 속에서 여성들은 결혼 후 분열되기 시작한다. 그리고 엄마가 된 후에는 자기 자신을 상실한 채 마치 '엄마가 되기 위해 태어난 것'처럼 살아간다.

캐나다에 갔을 때 나는 이 분열과 상실의 자리에서 헤매고 있었다. 이런 내게 서로 이름을 불러주는 캐나다 엄마들의 모습은 적잖은 충격이었다. 그중 몇 명과는 친분을 쌓기도 했는데, 엄마들이 나누는 대화도 한국과는 달랐다. 아이들 이야기가 주를 이루던 한국 엄마들과 달리 그들은 자기 자신에 관해 이야기했다. 자신이 무엇을 좋아하는지, 어떤 일을 하는지, 어디서 봉사를 하는지 말했다. 이들에게는 전업주부든 직장맘이든 상관없이 자기 자신의 삶이 있었다. 이 때문인지 캐나다 아이들 역시 자신만의 삶이 있었고, 학교에서도 가정에서도 독립된 한 개인으로서 진정 원하는 바를 찾기 위해 애쓰고 있었다. 남편들 역시 기본적인 자기돌봄을 할 수 있었고, 육아와 가사에 적극적으로 참여했다(캐나다의 여성들은 여전히 불평등하다고 말했지만, 나는 이들이 부럽기만 했다).

하지만 한국의 현실은 어떤가. 자기 자신의 삶을 존중받지 못하는 엄마들이 성취감을 느낄 수 있는 유일한 길은 아이가 사회적으로 성공하는 것이다. 이는 아들이 과거급제를 해야만 여성이 한 인간으로 존중받을 수 있었던 조선시대와 무엇이 다르단 말인가. 이 때문에 엄마들은 아이의 학업적 성취에 지나치게 관여하게 되고, 아이들은 자신이 진정으로 원하는 삶이 무엇인지 모른 채 성장한다. 나는 지난 10년간 상담 현장에서 일하면서 엄마의 꿈을 마치 자신의 꿈인 양 살다 성인이 된 후에야 비로소 내가 원하는 삶이 아니었음을 깨닫고 괴로워하는 내담자들을 숱하게 만나왔다.

부부 사이에서도 마찬가지다. 아내에게 돌봄을 전가하는 상당수의 한국 남자들은 사랑하는 이를 돌보는 방법은 물론, 자기 자신을 위한 기본적인 돌봄(식사 준비, 청소, 세탁 등)도 할 줄 모른다. 아내들은 "남편을 큰아들로 생각하라"며 자조 섞인 농담을 던지면서도, 정작 자신의 삶에 대해 결정할 때는 남편의 의견을 따르곤 한다. 이런 부부들은 평등한 동반자적 관계라기보다는, 각자가 독립된 한 사람으로 살아가는 것을 방해하는 관계다. 상대방을 위한다는 이유로 서로에게 지나치게 의지한 탓이다. 우리 부부도 마찬가지였다.

2년 가까이 캐나다에 머무는 동안 캐나다 여성들의 삶을 관찰하고 다양성과 평등을 중시하는 새로운 문화를 익혀가면서 나는 차차 알아갔다. 억울함과 분노가 치밀면서도 당연하게 받아들여왔던 '한국식 여성의 삶'이 당연한 것이 아님을 말이다. 나는 나 자신의 내면을 들여다보았고 한국 사회를 한 걸음 떨어져서 바라볼 수 있게 되었다. 더는 이대로 살고 싶지 않았다. 나는 페미니즘을 공부했고, 이에 따른 변화를 시도했다. 그리고 이를 통해 상실했던 나를 되찾고, 분열됐던 나의 정체감을 통합시킬 수 있었다.

나는 분열과 상실의 자리에서 빠져나와 나 자신을 회복해간 과정을 글로 적었다. 이 글들은 '오마이뉴스'에 〈나의 독박돌봄노동 탈출기〉, 〈엄마의 이름을 찾아서〉라는 제목으로 연재됐다. 이 책은 앞서 말한 두 개의 연재를 바탕으로 못다 한 이야기들을 추가하고 유기적인 설명을 곁들여 만들어졌다. 연재하면서도 그랬지만, 책으로 엮으면서 나의 지난 삶을 다시금 돌아볼 수 있었고, 나 자신이 더 단단하게 통합되는 느낌을 받았다. 처음 겪는 출간 작업은 쉽지 않았지만, 힘들기보다는 즐거웠다. 집필하는 동안에는 성장해가는 뿌듯함을 느꼈고, 편집 과정에 함께하면서 한 권의 책이 완성되어가는 기쁨을 느낄 수 있었다.

  내가 존경해마지 않는 심리학자 칼 로저스는 '가장 개인적인 것이 가장 일반적인 것'이라고 했다. 개인적 이야기를 용기 내어 쓸 수 있었던 건 로저스의 이 말 덕분이었다. 이 글들은 나의 삶에 대한 기록이지만, 결코 나만의 이야기는 아니라고 믿는다. 나의 이야기를 통해 독자 개개인이 자신의 삶을 돌아볼 수 있기를, 그래서 우리의 일상에 스며들어 있는 부당함에 각자 자신만의 방식으로 목소리 낼 수 있기를 소망한다. 특히 '엄마'라는 단어가 나의 이름을 대신하고 있다면, 나답게 살지 못하고 있다고 느낀다면, 그 마음에 귀 기울여 보았으면 좋겠다. 무엇이 당신을 엄마로만 살게 하는지 질문해보고, 각자의 답을 찾아 목소리를 내어주길 바란다. 이 목소리들이 모여 모두가 평등하게 존중받으며 '나답게' 살아갈 수 있는 세상을 만들어 낼 수 있으리라 확신한다.
  이 세상의 모든 생명은 평등하다. 로저스가 말했듯, 누구나 다양한 각자의 모습 그대로 존중받으며 살아갈 수 있을 때 사람들의 마음에도, 관계에도 나아가 우리 사회에도 진정한 평화가 찾아올 것이다. 그러니 세상의 절반에 해당하는 여성들이 자신의 다양한 면들을 억누른 채 엄마로만 살기를 강요받아서는 안 된다. '엄마로 태어난 여자는 없다.'

목차

3장

깨달음 시야를 넓히면 보이는 것

4장

변화 갈등을 마주해서 얻게 된 것

5장

통합 '나답게' 산다는 것

1장

상실

엄마가 되고 잃은 것

엄마가 됐다, 이름이 사라졌다

"엄마! 정신 드세요? 엄마! 눈 떠보세요!"

누군가가 어떤 '엄마'를 불러대는 소리가 들렸다. 그때 나는 배 부위에서 살이 불에 타는 것 같은 통증을 느끼고 있었다. 몽롱한 정신이 또렷해질수록 통증은 점점 더 심해졌다. 낯선 통증에 놀라 어쩔 줄 모르고 있는데, 누군가 다가오더니 가만 놔두어도 화상 입은 것처럼 쓰라린 배 위에 무엇인가를 올려놓았다.

"으악! 너무 아파요!"

"엄마, 조금만 참아요. 이거 올려놓아야 빨리 아물고 아기한테 젖도 물리죠!"

그제야 나는 깨달았다. 엄마라고 불리던 대상이 바로 나였음을.

무더운 여름날 오후 3시 무렵. 나는 부푼 기대를 안고 수술실에 들어갔다. 임신 사실을 알았을 때 자궁 입구 쪽의 자궁근종을 함께 발견했던 터라, 의사는 내게 제왕절개 수술을 강력히 권유했었다. 조금 찝찝하긴 했지만 무서운 진통을 겪지 않고 수술로 편하게 아기를 낳을 수 있어서 행운이라 생각했다. 어쩔 수 없는 상황이니 자연분만을 하지 않는다는 죄책감도 없었다. 수술실에 들어갔다 나오기만 하면 임신의 힘겨움은 끝나고 가볍고 상쾌한 날들이 시작되리라 기대했다. 그리고 병실에서 온화하고 기쁨 가득한 미소를 지은 채 아기를 행복하게 안고 있는 아름다운 엄마가 되어 있을 것이라 믿었다.

하지만 엄마가 된 그 순간, 나를 맞이한 건 극심한 통증이었다. 진통 과정 없이 제왕절개 수술을 할 경우, 아기가 나온 뒤 자궁이 수축하기 시작한다. 일종의 훗배앓이인데 아기를 낳을 때 겪는 진통만큼은 아니지만 그 통증의 강도가 꽤 세다. 칼로 그어져 상처 난 자궁이 계속해서 수축하는데 어찌 아프지 않을 수 있으랴. 게다가 아기를 꺼내면서 자궁근종도 함께 제거했기 때문에 내 수술 부위의 상처는 일반 산모들보다 더 컸다.

잠시 정신을 잃었던 모양이었다. 다시 눈을 떴을 땐 회복실이 아닌 병실이었다. 남편과 시어머니가 곁에 있었고 곧 간호사가 아기를 데리고 들어왔다. 그러더니 또 나를 불렀다.

"엄마! 이제 아기한테 젖 좀 물려봅시다. 출산하고 빨리 물릴수록 애가 젖을 잘 빨아요!"

여전히 통증이 심한 배를 움켜쥐고 불편한 자세로 아기에게 젖을 물렸다. 하지만 텔레비전에서 보던 감동적인 느낌은 전혀 없었다. 여러 사람 앞에서 가슴을 열어젖히고 젖을 물린다는 게 민망하기만 했고 무엇보다 배가 너무 아팠다.

간호사가 돌아간 후, 이번엔 레지던트 선생님이 회복 상태를 확인하러 들어왔다. 원래 통증을 잘 참지 못하는 나는 링거에 달아놓은 무통약이 나오는 버튼을 끊임없이 눌러댔지만, 여전히 아프기만 했다. 그래서 물어봤다.

"이거 너무 아픈데 진통제 더 주실 순 없어요?"

그러자 레지던트 선생님은 한심하다는 듯 내게 말했다.

"아이고, 엄마. 더 센 진통제는 수유할 때 아기한테 안 좋을 수 있어요. 오늘 밤이 지나면 좀 나아질 거예요. 이제 엄마잖아요. 이 정도는 참으실 수 있어야 해요."

이제 나는 엄마였다. 내가 아기를 낳은 병원에서는 출산 직후부터 모든 산모를 '엄마'라고 불렀다. 분명 내가 찬 환자용 팔찌에는 '송주연'이라 적혀 있었지만, 그 이름을 더는 불러주지 않았다. 아기를 낳고 완전히 달라진 내 세상은 이렇게 이름이 사라지면서 시작됐다. 이름만 바뀐 게 아니었다. 나의 통증과 내가 느끼는 수치심 등은 엄마라는 단어 앞에서 아무것도 아닌 게 되었다. 나는 이제 더 이상 내가 아니었다. 누군가의 엄마일 뿐이었다.

입덧 줄여주는 약은 왜 없나요?

돌아보면 '나'라는 존재가 사라질 운명은 임신한 그 순간부터 예

18

견되어 있었던 듯싶다. 우리 부부가 임신 사실을 알게 된 건 내가 막 심리학과 대학원에 입학해 상담심리사로서 꿈을 키우기 시작할 무렵이었다. 7년 가까이 이어오던 기자 생활을 접고 상담사가 되기 위한 새로운 공부를 하면서 나는 엄마가 되는 꿈도 함께 꾸고 있었다(어쩌면 꿈이라기보다는 결혼을 했으니 당연히 그래야 한다고 생각했던 것인지도 모른다). 그리고 대학원 첫 학기 때, 그러니까 내가 생각한 가장 적절한 시기에 아기가 생겼다. 출산 시기도 여름방학 때라 잘만 하면 큰 공백 없이 공부를 이어갈 수 있을 것 같았다. 나는 뛸 듯이 기뻤다. 결혼도, 공부도, 생명을 잉태하는 일까지도 원하는 시기에 척척 이뤄낸 내가 자랑스러웠다. 남편도 무척이나 행복해했다. 양가 가족들 모두 기쁨으로 가득 찼다.

하지만 기쁨과 환희로 가득했던 시기는 고작 일주일 남짓이었다. 내 몸은 호르몬 변화에 극도로 민감하게 반응했다. 아이의 심장소리도 듣기 전인 6주차부터 속이 메스꺼워지기 시작했다. 음식 냄새만 맡아도 헛구역질이 났고 음식을 먹으면 곧바로 게워냈다. 구토를 하고 나면 잠깐은 속이 편했지만 곧 속쓰림이 밀려왔다.

늘 묵직하고 당기는 아랫배, 쏟아지는 졸음, 알 수 없는 기분 변화와 울컥한 감정. 통제할 수 없는 신체 반응에 나는 무력감을 느꼈다. 대학을 졸업하고 '기자'라는 어릴 적 꿈을 이루고 대학원에 진학하기까지, 나는 내 삶과 일상을 원하는 대로 만들어갈 수 있다고 믿어왔다. 그런데 내 몸의 변화조차 예측할 수 없다니! 낯설고 두려웠다. 그렇게 임신의 기쁨은 저 멀리 사라져갔다. 그중에서도 음식을 먹든 안 먹든 항상 불편한 속 때문에 신경쇠약이 올지경이었다.

　나는 산부인과에 검진 갈 때마다 이런 불편함을 호소했다. 하지만 의사는 웃는 얼굴로 "임신하면 원래 그래요. 이게 다 엄마가 되는 과정이에요. 엄마가 되는데 이 정도 힘든 건 감수해야죠"라고 말해줄 뿐이었다. 입덧을 줄이는 몇 가지 민간요법들을 따라 했지만, 전혀 효과가 없었다. 12주면 심한 입덧은 지나간다는 의사의 예언이 무색하게 나의 입덧은 20주가 넘도록 이어졌다. 하루에도 수차례 구토를 해대면서 식도는 위산에 타들어 갔다. 배가 불러오면서 복압이 올라갔고 위액은 더 자주 역류했다. 결국 이미 헐어있던 식도에 탈이 났다. 역류성 식도염 진단을 받았지만 임신 중이라 가장 순한 약으로 증상을 조절하면서 버틸 수밖에 없었다. 의학이 이토록 발전했는데도 상당수의 임산부가 겪는 입덧의 고통을 줄여주는 방법은 거의 없는 듯했다. 놀랍고도 의아할 뿐이었다.

임신, 사라진 엄마의 감정과 욕구

　임신하고 내가 겪은 세상은 이랬다. '생명 탄생'이라는 커다란 기쁨 앞에 임산부가 경험하는 불편과 고통, 다양한 욕구들은 대부분 무시됐다. 내가 좋아하는 음식이 아니라 아기에게 좋다는 음식을 먹어야 했고(사람들은 구토를 달고 사는 내게 아기를 위해서라도 참고 먹으라고 충고하곤 했다!) 나의 취향이 아닌 아기를 위한 음악을 듣고 책을 봐야 했던 그때, 서른 살의 나는 이 모든 상황이 억울하게 느껴졌다. 특히 함께 부모가 되면서도 신체적 변화를 겪지 않는 것은 물론, 취향 하나 바꾸지 않고도 일상생활을 영위하는 남편과 비교했을 때 더욱 그랬다. 나 혼자만 부모가 되는 것 같다는 외로움이 밀려왔다.

동시에 죄책감이 나를 옥죄어 왔다. 내가 임신에 대해 후회하는 것을 아기가 알아챌까 걱정했고, 태교는커녕 입덧 때문에 짜증만 늘어가는 나의 모습을 보면서 아기에게 한없이 미안했다. 더욱더 힘든 건 이런 감정들을 입 밖에 낼 수 없다는 것이었다. 모두가 "축하한다"고 말해주는 '기쁜 일' 앞에 임산부인 내가 느끼는 힘겨움은 드러낼 수 없는 게 되어버렸다.

《페미니스트라는 낙인》의 저자 조주은은 우리 사회는 모든 여성을 잠재적 어머니로 간주하고, '모성'이라는 이름 앞에서 여성들 간의 차이를 존중해주지 않는다고 적었다. 임신은 모성에 한 걸음 성큼 다가가는 경험이었다. 내게 모성은 기쁘기보다는 힘들고 불편한 것으로 다가왔다. 하지만 내가 느껴야 하는 모성은 '모성신화'에서 말하는 그 모성. 그러니까 아기를 위해서라면 뭐든지 기쁘고 즐겁게 희생해내야 하는 그런 모성이었다.

뿌리 깊은 가부장제 사회에서 살아온 나는 자동으로 이런 모성을 내면화했다. '이건 힘든 게 아니야. 임신했는데 행복해야지. 힘들어하면 안 되는 거야'라고 내 자신을 다그쳤다. 어느 날은 성당에서 '생명을 잉태한 축복 앞에 힘들어하고 있는 저의 죄를 용서해 달라'고 간절히 기도한 적도 있었다. 임신을 힘들어한다는 것에 죄책감을 느꼈다. 아마도 이때부터 나는 나 자신의 감정들을 스스로 부인하며, 나를 '상실'해가고 있었던 것 같다.

태동이 시작될 무렵에야 입덧은 멈췄다. 비로소 나는 내가 생명을 품었다는 사실을 다시 축복할 수 있었다. 내 몸 안에서 한 생명이 꼬물거리며 함께 있다는 느낌은 정말 신비롭고 감동적이었다. 하지만 이 또한 두 달 정도였다. 임신 8개월이 되자 배가 눈에 띄게 부풀어 올랐다. 몸무게가 급격히 늘기 시작하면서 허리도 아프고, 오래 걷지도 못하고, 깊은 잠을 잘 수도 없는 상태로 몸이 변해가고 있었다.

출산을 보름 정도 남겨두었던 날. 나는 집에서 거울을 보다가 너무나 놀라고 말았다. 배가 남산 만하게 부풀어 오른 내 몸이 비현실적으로 느껴졌다. 내가 아닌 것 같았다. 이제는 서 있으면 다리에 경련이 나는 듯했고, 앉아 있으면 허리가 아팠고, 어떤 자세로 누워도 불편했다. 매일매일 더 부풀어 오르면서 점점 더 낯설어지는 내 몸에 도무지 적응되지 않았다. 나는 출산 날만 기다렸다. 그리고 출산을 마치고 나면 다시 내가 나처럼 느껴지리라 믿었다.

하지만 아기를 낳은 후 나는 깨달았다. 더 이상 나는 내가 아니었다. 나는 수술 후 통증도 최소한의 진통제로 버텨야 하는, 아무리 피곤하고 아파도 2~3시간마다 아이에게 젖을 물려야 하는, 밤 중에 수유를 거부하면 모성애가 없는 사람으로 몰리는 그런 존재 가 되고 말았다. 나의 이름은 사라졌다. 나는 엄마가 됐다.

독박육아, 일상을 상실하다

"그래도 배 속에 있을 때가 제일 편한 거야."

임신기간 동안 힘들다고 하소연했을 때 나보다 먼저 임신과 출산을 경험한 친구들은 하나같이 내게 이렇게 충고했었다. 나는 이 말을 절대 믿지 않았다. 아니, 임신보다 더 힘든 일이 있다니 믿고 싶지 않았던 것인지도 모른다. 하지만 병원에서 퇴원해 집에 돌아온 바로 그 순간부터 나는 친구들의 말이 진실임을 받아들여야 했다.

신생아는 하루 종일 잔다고 하지만, 한 번에 쭉 자는 것이 아니었다. 아기는 온종일 2~3시간 간격으로 깨어나 배고픔을 호소했고 나는 그때마다 수유를 해야 했다. 게다가 나의 아기는 홀로 침대에 뉘어지는 것을 극도로 싫어했다. 아기를 품에 안고 한참을 어르다 잠이 푹 든 줄 알고 침대에 내려놓으면 곧바로 깨서 다시 울어댔다. 그러다 보면 수유 시간이 재차 돌아왔고, 이 작은 생명 앞에서 나는 24시간 대기할 수밖에 없었다.

수면이 부족한 건 물론이고, 아기가 울까 봐 밥 먹는 시간도 최소화해야 했다. 식사는 아기 띠에 아기를 맨 채 서서 찬밥을 물에 말아 후루룩 마시듯 삼키거나 그도 안 되면 쿠키나 빵으로 때우기 일쑤였다. 화장실에 가는 것 역시 아기가 울까 봐 늘 조마조마했다. 머리를 감거나 샤워하는 것처럼 비교적 긴 시간이 드는 일은 아기와 집에 둘만 있는 동안엔 아예 시도조차 못 했다. 나는 먹고, 자고, 씻고, 싸는 생리적인 기본욕구조차 내 마음대로 처리할 수 없었다.

그러면서도 잠든 아기의 평화로운 얼굴을 마주할 때, 어쩌다 그 작은 얼굴에 미소가 피어오를 때면 피로가 씻은 듯이 날아갔다. 극한의 수면 부족과 피로, 낯선 두려움을 느끼면서도 마음속에 따뜻하고 애틋한 무엇인가가 솟아났다. 이렇게 힘든 와중에도 행복할 수 있다니 신기한 경험이었다.

기본심리욕구조차 잃어버린 엄마

심리학자 라이언과 데시는 사람이 살아가기 위해서는 심리적으로 꼭 충족되어야 할 '기본심리욕구'가 있다고 말한다. 이들이 말한 기본심리욕구는 '자율성', '유능감', '연결감'이라는 세 가지 욕구다. 여기서 '자율성'이란 자신의 삶을 스스로 조절하고 통제할 수 있다는 느낌을 말하며, '유능감'이란 내가 잘하고 있으며 잘 해낼 수 있다는 믿음이다. '연결감'이란 내가 타인과 연결되어 있고 사회 속에서 존재하고 있음을 느끼는 것을 뜻한다. 라이언과 데시는 이 세 가지 욕구가 충족되어야 삶의 의욕을 느낄 수 있으며 각자가 가진 잠재력을 발휘할 수 있다고 강조했다.

그러나 엄마가 된 나는 생명체로서 마땅히 누려야 할 생리적 욕구는 물론, 사람으로서 심리적인 건강을 유지하는 데 꼭 필요한 '기본심리욕구'마저 상실하고 있었다. 먹고, 씻고, 자는 것 같은 최소한의 일상조차 내 뜻이 아니라 아이 뜻대로 해야 하는 상황은 나의 자율성을 완전히 상실하게 했다. 초보 엄마라서 아이를 먹이고 재우고 기저귀를 가는 모든 일에 서툴렀기에 유능감 따위는 느낄 수 없었다. 엄마가 되기 전 내가 유능감을 느껴왔던 일과 공부는 당연히 모두 멈춰 선 상태였다. 출산 전, 기자 생활을 하며 맺어왔던 많은 사람과는 출산 후 대부분 연락이 끊겼고, 대학원에서 동기들과 함께 공부하며 느꼈던 강한 동료애 역시 느낄 틈이 전혀 없었다. 집 안에서 말도 통하지 않는 아이하고만 24시간 생활하는 일상은 세상과 나를 단절시켰다. 연결감을 느낀다는 건 불가능했다. 최소한의 '기본심리욕구'도 충족되지 않는 일상 속에서 나는 '나'로 존재할 수 없었다. 그저 '엄마'의 역할로만 존재했다.

달라진 것이 별로 없는 아빠

남편은 달랐다. 그는 아빠가 됐지만 3일간의 출산 휴가가 끝나자 곧바로 출근했고, 회식이 포함된 모든 사회생활을 정상적으로 유지했다. 물론 내가 이전처럼 챙겨주지 못해 불편했을 터이고, 밤에 아기가 자꾸 깨는 바람에 푹 자지 못했을 것이며, 주말에도 제대로 쉬지 못해 피곤했을 것이다. 아빠라는 책임감에 어깨도 무거웠을 것이다. 하지만 '엄마'의 정체감이 다른 정체감을 모두 압도해버린 나에 비하면, 남편에게 '아빠'라는 새로운 정체감의 무게는 별것 아닌 것처럼 보였다.

그래도 남편은 또래 아이를 키우던 나의 이웃들과 비교하면 아빠 역할에 충실한 편이었다. 일찍 들어오는 날이면 아이를 목욕시켰고, 아이가 아무리 보채도 우리와 한방에서 잤다. 당시 비슷한 시기에 출산한 이웃들과 친구들은 대부분 출산 후부터 남편과 방을 따로 쓴다고 했다. 힘들게 일하고 온 남편이 충분히 쉬어야 다음 날 일에 집중할 수 있다는 이유에서였다. 엄마들이 연속으로 3시간을 자보는 것이 소원인 그 시기에, 아빠들은 홀로 편안히 잠자며 사회생활을 위한 배려까지 받고 있었다.

이웃들은 나의 남편을 '대단히 가정적이고 멋진' 남자라고 추켜세웠다. 하지만 남편은 잠만 같이 잘 뿐, 나처럼 자다가 깨서 수유를 하는 것도 아니고 젖병을 소독하는 것도 아니었다. 나는 아이의 작은 기척에도 눈이 떠졌지만, 남편은 아이가 아무리 울어도 끄떡없이 코를 골았다. 왜 엄마인 내가 아이를 돌보기 위해 2~3시간마다 일어나는 건 '당연한' 일이고, 아빠가 가끔 아이를 목욕시키고 한방에서 같이 자는 것은 '대단한' 일로 여겨지는지 도무지 납득되지 않았다.

상실감과 기쁨, 억울함이 뒤범벅된 복잡한 마음을 갖고 '엄마'로 살아낸 지 10개월 정도 됐던 어느 일요일이었다. 아이가 이유식을 먹고 물건을 붙잡고 일어설 무렵이었다. 나는 주방에서 이유식을 만드는 중이었고 남편은 거실에서 텔레비전을 보고 있었다. 아이가 무엇인가를 잡고 걸어보려고 했는데 뜻대로 되지 않았나 보다. 곧 '쾅당' 소리와 함께 아이의 울음소리가 이어졌다. 나는 주방에서 뜨거운 냄비를 저어가며 이유식을 끓이는 중이라 아이에게 곧바로 달려갈 수 없었다. 당연히 텔레비전을 보고 있던 남편이 먼저가 아이를 달랠 줄 알았다. 하지만 아이의 울음소리는 그치지 않았다. 난 얼른 가스불을 끄고 아이에게 달려갔다. 그런데 남편은 여전히 텔레비전에만 집중하고 있었다. 아이가 바로 옆에서 울고 있는데도 말이다.

아이가 크게 다치지는 않았지만, 이 사건은 내게 많은 것을 생각하게 했다. 남편은 한국 사회에서 좋은 아빠였지만, 가정에서의 역할은 지극히 '수동적'이었다. 육아에 대해 일차적 책임을 지고 있는 내가, 그러니까 엄마인 내가 집에 있으니 자신은 아이에게 그다지 신경 쓸 필요가 없다고 여겼던 것이다. 남편에게 아빠의 역할은 부모라는 정체감과 책임감에서 비롯된 것이 아니라 단순히 나를 '도와주기' 위한 것이었다.

난 비슷한 시기에 엄마가 되어 서로에게 많은 지지가 되어 주던 친구들과 이 사건을 공유했다. 그리고 알게 되었다. 이런 일이 우리 집에서만 일어나는 것이 아님을. 모든 아빠가 돌봄에 책임감을 느끼지 않는 건 아니겠지만, 아빠가 아이를 주체적으로 돌보지 않는 현상은 매우 보편적으로 일어나고 있었다. 그 때문에 비슷한 또래의 아이를 키우던 친구들과 이웃들의 상당수는 아이의 아빠인 남편보다 집안의 다른 여성(친정어머니, 시어머니, 이모 등)이나 여성인 전문 돌봄 도우미에게 아이를 맡기는 것이 마음이 더 편하다고 했다. 남편에게 아이를 맡기고 외출하면 불안해서 일에 집중하기 힘들다는 친구도 있었다.

독박육아의 본질

바로 이거였다. 아이와 많은 시간을 보내는 것도 힘들지만, 남편이 곁에 있어도 홀로 아이를 돌보는 것과 별반 다르지 않은 느낌. '엄마'와 똑같은 책임이 있는 일차적 보호자인 '아빠'에게 아이를 맡기는 것이 마음 편하지 않은 상황들. 함께 부모가 되었는데 아이에 대한 모든 책임은 오롯이 엄마가 지고, 아빠는 수동적 보조자에 머무는 현실. 이것이 바로 독박육아의 본질이었다.

엄마든 아빠든 집에 머무는 시간이 많은 쪽에서 아이와 시간을 더 보내는 것은 당연한 일일 것이다. 당시 남편은 풀타임으로 직장에서 일하고 있었고, 나는 휴학한 대학원생 신분이었으니 내가 아이를 더 많이 돌보는 것은 당연했다. 그러나 이는 물리적으로 누가 더 아이를 많이 돌보느냐의 문제가 아니었다. 나를 짓누르던 것은 아이의 모든 것을 홀로 책임져야 한다는 점이었다. 같은 부모지만 아빠라는 이름의 수동적인 남편 앞에서 나는 더욱더 외로워졌다.

이는 정체감의 문제이기도 하다. 엄마가 된 여성은 그 어떤 정체감보다 '엄마'라는 정체감을 중요하게 여기도록 사회화되었다. 하지만 아빠가 된 남성은 '아빠'라는 정체감을 자신의 다른 정체감에 더할 뿐이다. 영화 〈82년생 김지영〉에서 대현은 지영에게 아이를 갖자며 "지금과 달라질 건 없다"고 말한다. 반면 지영은 "과연 그럴까"하고 두려워한다. 아빠라는 정체감을 '지금과 달라질 건 없다'라는 수준으로 받아들이는 남성과 엄마가 되면 '모든 것이 달라질 것'이라고 느끼는 여성. 이 간극이 바로 여성들이 '독박육아'를 하면서 느끼는 알 수 없는 분노와 우울함의 원인일 것이다.

한국 사회에서 '워킹맘', '직장맘'이라는 단어는 보통명사처럼 쓰인다. 하지만 여전히 '워킹파파'나 '워킹대디', '직장대디'라는 말은 어색하기만 하다. 이는 일하는 엄마는 늘 '엄마'임을 염두에 두고 살지만, 일하는 아빠에게 '아빠'라는 정체감은 크게 작동하지 않는다는 의미이기도 하다. 이 때문에 여성들은 남편과 같은 수준으로 직장에서 일하더라도 늘 독박육아를 한다고 느낄 수밖에 없다. 부모로서 '엄마'와 '아빠'라는 단어를 같은 무게로 받아들일 수 있도록 간극을 줄여가는 것. 독박육아로 인한 여성들의 상실감과 그로 인한 심리적 어려움을 해소하는 것은 바로 여기서부터 출발해야 한다.

엄마의 헌신, 그 한계는 어디일까

나는 아이가 13개월이 되었을 때 복학했다. 그리고 아이가 두 돌이 되던 해, 석사학위를 받았다. 동시에 상담심리사 자격증도 따냈다. 운이 좋게도 학위와 자격증을 취득하자마자 일자리 제의가 들어왔다. 상담을 받으러 온 내담자가 있는 시간에만 일하는 파트타임 자리였다. 일주일에 한두 번, 하루에 두세 시간만 출근하면 돼서 아이를 잠시 봐줄 누군가만 있으면 괜찮겠다 싶었다.

하지만 고정되지 않은 시간에 잠깐씩만 아이를 봐줄 분을 구하기는 쉽지 않았다. 석사학위 과정을 밟는 동안 아이를 봐주셨던 이모님은 내가 졸업할 때까지만 함께하기로 하셨기에 이미 그만두신 상태였다. 아이를 안정적으로 맡길 곳이 없었다. 나의 불규칙한 근무시간에 맞춰 와줄 수 있는 사설 업체의 이모님들을 구하는 건 불가능했다. 정부에서 제공하는 아이 돌보미 서비스를 이용하려면 몇 개월을 대기해야 하는 상황이었다.

그럼에도 난 기회가 왔을 때 시작해야 한다고 생각했다. 지금 시작하지 않으면 또다시 집에서 아이를 돌보며 내가 아닌 엄마로만 살아야 할 터였다. 나는 아이 맡길 곳을 구하지 못한 채로 일단 시작해보기로 했다. 그렇게 나는 서울의 한 청소년상담센터에서 상담심리사로서 첫발을 내디뎠다.

아이는 내가 일하러 가는 날마다 여기저기 맡겨졌다. 가까운 곳에 이모가 살고 있어서 급할 땐 이모가 집으로 와주셨고, 가끔은 시어머니나 이웃집 신세도 졌다. 어떤 날엔 아이와 함께 상담소에 나가기도 했다. 놀이치료실이 비어 있는 날이면 아이는 돌봄 선생님과 함께 그곳에서 머물 수 있었다. 하지만 매번 다른 사람이 아이를 돌본다는 게 늘 마음에 걸렸다.

애착과 모성신화의 함정

그 무렵, 유독 '애착'의 중요성을 알리는 책들이 쏟아져 나오고 있었다. '어린 시절에 일차적 양육자와 맺는 관계가 한 사람의 심리 건강에 지대한 영향을 미친다'는 애착이론은 존 볼비와 메리 에인스워스의 실험으로 세상에 알려졌다. 애착이란 한 유기체가 다른 유기체와 맺는 매우 끈끈한 정서적 유대관계를 말한다. 존 볼비는 동물학자 콘라드 로렌츠의 '각인학습'에서 영감을 얻어, 영아기에 맺은 부모와의 유대 관계가 향후 성장에 지대한 영향을 미친다는 '애착이론'을 탄생시켰다.

에인스워스는 볼비의 이론을 보다 정교화해 아이와 엄마의 애착 패턴을 연구했다. 그녀는 엄마와 깊은 신뢰 관계를 형성한 '안정애착' 유형의 유아들은 심리적으로 건강하게 자랐으나, 엄마와 유대감이 낮은 '회피애착'과 '불안애착' 유형의 유아들은 심리적 어려움을 겪는다고 했다. 그리고 아이의 애착 유형은 엄마가 아이와 얼마나 잘 조율하는지에 따라 결정된다고 결론지었다.

'애착'이 아이의 심리발달에 중요한 기제인 건 사실이다. 하지만 에인스워스와 볼비의 기초 연구 후 진행된 수많은 연구에 따르면, 아이의 애착 패턴 형성에 영향을 미치는 건 엄마만이 아니었다. 아이의 기질 역시, 애착 패턴 형성에 큰 영향을 미치는 요소였다. 또, 엄마와 아이가 함께 있는 절대적 시간이 중요한 게 아니라 '관계의 질'이 더욱 중요하다는 점, 애착 패턴은 성장하면서 다른 친밀한 대인관계 경험을 통해 변화할 수 있다는 점 등이 밝혀졌다. 후속 연구를 통해 알려진 중요한 사실 중 하나는 애착의 대상이 반드시 '엄마'일 필요는 없다는 것이었다. 아이에게는 생물학적 엄마가 아니라, 자신을 따뜻하고 안전하게 보살펴 주는 대상이 필요했다.

하지만 내가 아이를 여기저기에 맡기고 일을 시작하던 당시, 한국 사회에선 애착 패턴이 모두 엄마만의 책임인 것처럼 포장되고 있었다.

'아이가 태어나서 만 3살까지 엄마와의 관계에서 형성되는 애착은 향후 아이의 삶에 지대한 영향을 미친다. 이 시기에 엄마가 아이 곁에 없으면 아이는 여러 가지 심리적 문제를 겪게 된다. 그러므로 이 시기에 엄마들은 자신의 욕구는 내려놓고 오직 아이에게만 집중해야 한다.'

당시 출간된 많은 육아서와 부모교육서들은 애착을 위와 같이 표현했다. 이는 '애착'이라는 과학적 용어로 '모성신화'를 강요하는 것과 다르지 않았다. 그때 나의 아이는 만 2살이었다. 이 책들에 따르면 지금 나는 파트타임으로 커리어를 쌓아보겠다고 아이를 망치고 있는 엄마였다. 이런 이야기들에 왜곡된 부분이 있다는 건 잘 알고 있었지만, 반복되는 메시지들은 심리학을 전공한 나마저도 불안하게 했다.

'죄책감'에 시달리는 엄마들

이런 기분은 나만 느끼는 게 아니었다. 나는 당시 청소년들을 상담하고 있었다. 미성년자인 아동이나 청소년을 상담할 때는 그들의 보호자인 부모와 상담하는 시간을 반드시 갖는다. 이 때문에 나는 아이들뿐만 아니라 그 부모들도 만났다. 이 시간의 명칭은 '부모상담'이었다. 하지만 상담실에서 내가 만난 건 모두 '어머니'들이었다. 아버지와의 관계로 고통받고 있는 아이들이 많았지만, 아버지들은 본인이 당사자임에도 불구하고 상담실에 나오지 않았다. 아이에 대한 책임은 오로지 어머니만 지고 있는 것 같았다. 게다가 이 어머니들은 자녀가 상담을 받고 있다는 사실 하나만으로도 마음 가득 죄책감을 품고 있었다.

"예전에 아이 돌보는 게 너무 힘들었어요. 어떻게 해야 할지 모르겠더라고요. 그래서 막 아이에게 소리 지르고 짜증을 많이 부렸더니 저렇게 됐나 봐요."

"제가 일한다고 아이를 여기저기 맡겼어요. 일이 바쁠 땐 시댁에 아이를 맡기고 주말에만 만났어요. 그게 저희 아이한테 큰 상처였나 봐요. 애착이 중요하다던데 제가 아이가 어릴 때 곁에 있지 못해서 이렇게 된 거 같아요. 다 제 잘못이에요."

"전 육아서도 정말 열심히 읽고 부모교육도 열심히 다니거든요. 아이에게 이렇게 반응해줘라, 안정애착을 만들려면 이렇게 해라. 열심히 해보려고 해도 자꾸 애한테 화만 내게 돼요. 제게 무슨 문제가 있는 건가요?"

사연은 제각각이지만 부모상담에 온 엄마들이 찾은 문제의 원인은 한결같았다. 바로 '엄마'인 자신 때문이라는 것이었다. 상담실을 찾아온 대부분의 엄마들은 오랫동안 여성들을 구속해온 '여성이면 본능적으로 아이를 잘 돌봐야 하며 엄마 역할에서 기쁨을 느끼고 마땅히 헌신해야 한다'라는 모성신화의 함정에 갇혀 있었다. 애착을 강조하는 육아서를 읽고 부모교육을 다니며 그대로 실천하기 위해 애썼지만 오히려 '나는 안 된다'라는 죄책감만 품고 상담실에 오는 엄마들도 많았다. '모성신화'가 오랜 기간 가부장 사회에서 여성들의 무의식을 지배해왔다면, 왜곡되어 알려진 '애착이론'은 과학적 근거로 엄마들을 옥죄고 있었다.

나는 이 어머니들에게 아이가 귀찮고 싫게 느껴지는 것은 정상이며, 상담사인 나 역시 아이 돌보는 게 힘들고 답답하고 때로는 감옥처럼 느껴진다고 고백했다. 그리고 이렇게 노력하고 있는 것만으로도 당신은 이미 좋은 엄마라고 끊임없이 말해줬다. 이는 나 자신에게 건네는 말이기도 했다.

'억울함'에 괴로운 엄마들

모성신화와 잘못 이해된 애착이론의 폐해는 이를 따르지 않았다고 느끼는 어머니들에게만 해당하지 않았다. 충실히 지킨 엄마와 아이들에게도 그 그림자는 짙게 드리워져 있었다. 모성신화와 애착이론을 잘 따랐던 엄마들은 아이가 태어나자마자 혹은 아이가 초등학교에 들어갈 무렵, 일을 그만두고 양육에만 최선을 다했다. 엄마인 자신의 목표와 개인적 욕구는 마치 없었던 것처럼. 엄마들은 자신의 일상과 아이의 스케줄을 완벽하게 일치시켰다. 아이의 모든 학습과 생활을 24시간 관리했고, 자신이 할 수 있는 모든 것을 하며 아이에게 헌신했다.

그런데 이상했다. 이렇게 헌신하는 엄마를 둔 아이는 우울하고 무기력한 경우가 많았다. 자신이 누구인지, 무얼 하고 싶은지 모르는 이 아이들은 생기 없는 일상을 살았다. 그렇지 않으면 답답함에서 탈출하기 위해 비행을 저지르거나 가출했다. 늘 전교 1등을 하지만, 학교 심리검사에서 우울증이 심하다는 소견을 받고 상담소에 온 한 여중생에게 공부하는 이유를 묻자, "엄마를 기쁘게 해주기 위해서"라는 대답이 돌아왔다.

이런 아이의 어머니들은 부모상담 시간에 이렇게 호소했다.

"직장도 그만두고 아이를 위해서 15년 동안 올인했어요. 제가 뭘 잘못했나요?"

"전 제 꿈을 다 접고 아이만 키웠어요. 아이를 잘 키우는 게 결국 제 꿈이라고 생각했는데 너무 억울하고 모든 게 무너져 내리는 것 같아요. 전 이제 어떡해야 하나요?"

엄마의 '헌신'만을 강조하는 모성신화와 한국의 교육 시스템이 만들어낸 슬픈 현실이었다. 대학 입시 결과가 양육의 성공과 실패를 결정하고, 이는 엄마의 헌신에 달려 있다고 믿는 한국 사회에서 모성신화와 애착은 아이 교육에 대한 집착으로 표현됐다. 아이를 뒷바라지하기 위해 자신의 삶을 내려놓은 엄마들은 알게 모르게 아이들이 자기가 못 이룬 꿈을 이루길 바랐다. 이런 환경적, 심리적 요소들은 부모가 아이를 독립된 한 사람으로 대하고 적절한 거리를 두는 것을 방해했다. 아이들은 독립된 정체감을 획득하지 못한 채 여러 가지 심리적 증상을 나타내고 있었다.

자기 자신의 삶을 살고자 하는 엄마들에게는 '죄책감'을, 자녀에게 헌신하고자 하는 엄마들에게는 '억울함'을 유발하는 모성신화와 왜곡된 애착이론. 결국 엄마들은 어느 쪽을 택하든 '엄마'인 자신에게 만족할 수 없었다. 나 역시 마찬가지였다. 아이에게 불같이 화를 내고 죄책감에 시달리기도 했고, 다른 아이들을 상담한다고 내 아이는 방치하는 게 아닌지 자책하기도 했다. 하지만 나는 이런 생각들이 떠오를 때마다 상담실에서 만난 엄마들을 기억해냈다. '그래, 내가 이러는 건 정상이야. 아이와 종일 함께한다고 아이가 잘 크는 것도 아니고 내가 일한다고 해서 아이가 잘못될 일도 없어'라며 스스로를 다독였다.

나는 상담실에서 만난 어머니들과 함께, 내게 영향을 미치는 모성신화, 그리고 잘못 이해된 애착이론의 폐해를 인식하면서 그 안에 갇히지 않기 위해 노력했다. 모성신화와 애착이론을 좇는 대신, 아이와 떨어져 내 일에 집중하는 시간을 갖자 역설적으로 아이와의 시간이 더 즐거워졌다. 아이랑 24시간 함께했을 때는 답답하고 힘들기만 하던 아이와의 놀이 시간이 행복하게 느껴졌다. 일하면서 얻은 에너지는 관계의 질을 높여주었다. 내가 일하는 동안 아이는 여기저기 맡겨졌지만, 아이에게는 아무 일도 일어나지 않았다. 내가 애착이론을 충실히 따르느라 독박육아를 하며 나를 잊고 아이에게 몰두하며 지냈을 때보다 아이는 정서적으로 더 안정되어 갔다.

내담자들에게도 비슷한 변화가 일어났다. 엄마가 자신의 삶에 조금 더 관심을 기울일수록 아이와 적당한 거리를 유지할 수 있었고, 아이도 엄마도 더 행복해졌다. 엄마의 모든 욕구를 내려놓고 아이에게만 헌신해야 한다는 모성신화는 옳지 않았다. 만 3살까지 엄마가 아이 곁을 지켜야 한다는 통념 역시 '애착이론'을 잘못 해석한 것임이 분명했다.

아내에겐 있고, 남편에겐 없는 것

　무시당한 내면의 목소리는 어떻게든 소리를 내고 싶은 법이다. 귀를 기울여 주지 않으면 다른 방식으로 호소한다.

　아이가 세 살쯤 됐을 무렵, 남편은 그토록 바랐던 직종으로의 이직 기회를 얻었다. 단, 조건이 있었다. 우리 삶의 터전이었던 서울. 내가 태어나서 자라고 관계 맺고, 커리어를 쌓아온 모든 것이 있는 서울을 떠나야 한다는 것이었다. 남편은 너무나 해맑은 얼굴로 "나, 그 자리 맡게 됐어! 우리 대구로 이사 가자"라며 기쁜 소식을 알렸다.

　이 말을 듣는 순간 나의 내면은 이미 '싫다'고 말하고 있었다. 하지만 남편의 꿈이 담긴 일이라는 사실을 잘 알고 있었기에 내면의 목소리를 따를 수 없었다. 애써 그런 마음을 감추며, 아니 스스로 부인해가며 커리어를 쌓아가는 남편에게 "축하해"라고 말했다. 그렇게 우리는 이사를 준비했다.

먼저 대구에 내려가 집을 계약하고, 한 달 후로 이사 날짜를 잡았다. 그런데 대구에서 살 집을 둘러보고 서울로 돌아온 그날부터 나는 시름시름 앓기 시작했다. 먼저 감기몸살에 시달렸고, 그다음엔 목 뒤가 찌릿찌릿한 후두신경통을 겪었다. 후두신경통은 2주가 지나도 점점 심해지기만 했고 급기야 통증 때문에 잠을 잘 수도 없는 상태가 됐다. 나는 신경을 마비시키는 주사까지 맞아야 했다. 그러더니 난데없는 하혈이 시작됐다. 병원에 가봤지만 특별한 문제는 없다고 했다. 그냥 좀 쉬라고, 너무 스트레스를 받지 말라는 것이 의사의 처방이었다. 임상심리학책에서 배웠던 '신체화' 증상이었다. 신체화는 심리적 문제가 억압되었을 때, 이것이 통증을 비롯한 여러 가지 신체적인 증상으로 나타나는 현상을 말한다.

나는 이런 상태로, 보람을 느끼고 있었던 상담사 일을 모두 그만두고 대구로 이사했다. 아는 사람 한 명, 아는 길 하나 없는 그때의 대구는 같은 언어를 쓰는 '외국'이나 다름없었다.

우울이 찾아오다

대구에 온 후 남편은 새 직장에 적응한다고 매우 바빴다. 업무 외 친교 생활이 무척 중요한 한국의 직장답게, 남편은 매일같이 각종 회식에 불려 다녔다. 사회적 관계를 위해 골프를 배우기 시작했고, 주말에도 필드에 나가는 일이 잦았다. 나는 출산 직후보다 더 고립되어갔다. 주말까지 독박육아를 하면서 지쳐갔고 남편에 대한 원망과 짜증이 계속 쌓였다. 낯선 환경에 무척이나 예민해진 30개월 아이의 떼쓰기는 감당하기 힘든 수준이었다. 졸릴 때면 아이의 투정은 특히 더 심해졌다. 아이는 매일 밤 잠들기 전까지 두 시간을 울어댔다. 나는 인내심을 발휘하지 못하고 아이에게 소리를 질러대곤 했다.

더 이상 참을 수 없었다. 가족이 다 함께 정신과를 찾았다. 아이와 나, 남편까지 양육태도검사를 포함한 여러 가지 심리검사를 받았다. 결과는 이랬다. 아이는 불안이 매우 높은 상태였다. 예민한 기질을 타고난 아이라 가뜩이나 환경 변화에 민감한데 엄마인 나까지 불안정했으니 당연한 결과였다. 나는 우울한 상태였다. 의사는 낯선 환경에서 홀로 아이를 돌보느라 자신의 삶을 전혀 살지 못해 원망과 분노가 쌓였다고 해석해줬다. 그런데 남편은 지극히 정상이었다. 새로운 환경에서도 비교적 잘 적응하고 있는 것으로 나온 남편은 안정된 심리 상태를 보이고 있었다.

나와 남편의 심리검사 결과는 대한민국 사회에서 결혼과 육아가 여성과 남성에게 어떤 영향을 미치는지를 극단적으로 보여줬다. 내게 결혼과 육아는 좋지 못한 영향을 미쳤다. 나는 남편을 뒷바라지하기 위해 삶의 터전을 포기했고, 나의 모든 일과는 아이에게 맞춰져 있었다. 이런 환경 속에서 억울함과 분노가 자랐났고, 이는 우울이라는 결과로 나타났다.

정신분석에서 우울은 표현되지 못한 분노가 자신 안으로 향하는 것을 말한다. 나는 부모가 되고 '나만 사라진 것' 같은 부당함에 분노하고 있었다. 하지만 세상은 엄마가 된 여성에게 이런 분노를 허용하지 않았다. 결혼한 여성이면 남편에게 맞추는 것이 당연하며, 엄마가 되었으니 개인의 욕구쯤은 내려놓는 게 '정상'으로 여겨지는 분위기 속에서 나는 화낼 수 없었다. 대신, 분노하고 싶은 마음이 들 때마다 '이러면 안 된다'며 스스로를 억압했다. 이렇게 나를 향한 '분노'는 '우울'로 표현될 수밖에 없었다.

반면 남편은 가장이라는 책임감이 무겁긴 했겠지만, 본인의 커리어를 이어가고 일상을 유지하는 데 전혀 불편함이 없어 보였다. 남편의 커리어를 위해 온 가족이 함께 기꺼이 먼 지방까지 올 만큼, 그에게 가족은 자신을 뒷받침해주는 든든한 지원군이었다.

처방전 : 일을 시작하라!

이런 내게 정신과 의사의 처방전은 약도 심리치료도 아니었다.

"일을 시작하세요. 무엇보다 엄마가 행복해야 해요. 아이는 어린이집에 다녀도 괜찮은 나이니까 어린이집을 알아보시고 가능한 한 빨리 일을 시작하세요. 그리고 명심하세요. 아이가 불안한 건 엄마 잘못이 아니에요. 불안은 기질적 요인이 강해요. 원래 민감한 기질이니 괜한 죄책감 느끼지 마세요."

의사가 이렇게 말해주었지만, 아이가 놀이치료를 받아야 하는 현실 앞에서 나는 자꾸만 죄책감이 들었다. 대구로 이사 오기 전

서울의 청소년상담센터에서 일했을 때 내가 만난 내담자들의 엄마들과 똑같은 상황이었다. 난 내게 주문을 걸었다. '내 잘못이 아니다. 내 잘못이 아니다.'

'우울'은 사람을 무기력하게 만들고 긍정적인 면을 보지 못하게 한다. 이 때문에 우울한 사람들에게 새로운 것을 시도하는 건 매우 어려운 일이다. 나도 그랬다. 일을 시작해야 한다는 것을 알면서도 실천에 옮길 엄두가 나질 않았다. 아이를 맡길 어린이집 찾기도 힘들고, 일자리를 소개받을 선후배도 한 명 없고, 일을 시작하지 못할 핑곗거리들만 떠올랐다.

그러던 어느 날 밤, 유독 잠이 들지 않아 새벽까지 뜬눈으로 누워 있는데 문득 서울에서 활기차게 보냈던 내 모습이 떠올랐다. 1년 전만 해도 나는 일과 육아를 병행하면서 행복감을 느꼈다. 지금보다 더 어린 아기를 키우면서 학위도 따고 자격증도 따냈던 나였다. 일단 시작하니 공부도 일도 육아도 어떻게든 해낼 수 있었다. 지금의 나에게도 한 걸음을 뗄 용기가 절실했다.

다음 날, 나는 아이가 잠든 틈을 타 오랜만에 학회 사이트에 접속해 구인 공고를 살폈다. 대구 지역의 일자리는 별로 없었다. 그래서 학생상담센터, 청소년수련관, 각종 상담센터의 홈페이지를 링크해두고 수시로 채용 공지를 확인했다. 여름이 되자 몇 군데에서 공고가 났다. 나는 여기저기 이력서를 넣고 아이를 데리고 면접을 보러 다녔다. 동시에 어린이집도 알아봤다. 내 일자리를 구하는 것보다 아이가 있을 곳을 찾는 과정이 더욱 힘난했다. 결국, 몇 달 간 수소문한 끝에 한 대학의 학생상담센터에서 상담사로 일을 시 작할 수 있었다.

일을 시작했다고 해서 엄마로서의 내 역할이 줄어든 건 아니었 다. 아이를 어린이집에 데려다주고 헐레벌떡 출근하며, 또다시 아 이를 데리고 와 엄마 노릇을 하는 일상도 녹록지 않았다. 하지만 어린이집과 주변 사람의 도움을 받으면서 '엄마'에서 벗어나 나의 사회적 정체감을 발휘할 시간을 갖게 되자, 거짓말처럼 우울의 크 기가 줄어들기 시작했다. 완전하진 않았지만 깊은 상실감과 분노 에서 서서히 빠져나오는 내가 느껴졌다. 그러자 아이의 투정을 더 잘 받아줄 수 있었다. 아이에게 짜증 부리는 일도 크게 줄어들었 다. 아이가 느끼던 불안의 크기 역시 줄어들었고, 아이는 전보다 훨씬 많이 웃었다.

《어머니의 탄생》의 저자인 인류학자 세라 블래퍼 허디는 다양한 문화권을 15년간 연구한 끝에 '야망은 모성과 충돌하지 않는다'고 결론 내린 바 있다. '일하며 야망을 품는 것은 좋은 어머니의 본질 적 요소'라는 그녀의 연구 결과는 진실이었다. 엄마가 된 후 내가 불행했던 시기는 나의 일과 야망을 모두 잊었을 때였다. 몸은 힘들 어도 내 꿈을 찾아 무언가를 실천했을 때 나는 훨씬 더 좋은 엄마 일 수 있었다.

아내의 일 vs 남편의 일

안타까운 건 진실이 이러할지라도 여전히 사회에서는 엄마가 된 여성의 야망은 무시된다는 점이었다. 그 무렵 잘나가는 전문직 여성이던 나의 절친한 친구 역시 육아 때문에 일을 그만두었다. 원래 그 친구는 아이를 낳은 후 한 도우미 이모님의 도움으로 일을 계속해왔다. 하지만 그 이모님이 사정이 생겨 일을 그만둔 후, 새로 오신 이모님들과는 계속 마음이 맞지 않았다. 마침 둘째를 임신하게 된 그녀의 선택은 자기 일을 그만두는 것이었다. 친구의 남편 역시 탄탄한 회사에 다니고 있긴 했지만 내 친구가 소득이 더 높은 전문직이었다. 친구는 "이제 일에도 지쳤어. 아이를 돌보면서 지내는 것도 좋아"라고 말했지만, 중학교 때부터 그 친구가 꿈을 이뤄가는 과정을 지켜봐온 나는 안타깝기만 했다.

또 다른 친구는 해외 연수의 기회를 너무나 당연한 듯 포기했다. 그 친구는 남편이 잠시 쉬고 함께 연수를 가서 아이를 돌봐주면 좋겠다고 내게 토로했지만, 남편에게는 이야기조차 꺼낼 수 없었다. 하지만 몇 년 후 남편이 해외 연수에 가야 했을 때, 친구는 남편과 아이를 뒷바라지하기 위해 서슴없이 휴직계를 냈다. 그녀에게도 남편의 커리어가 우선이었다.

난 가만히 생각해보았다. 남편의 직업적 성취를 위해서 아내는 지방으로, 해외로 따라다니며 남편의 성공을 지원해준다. 하지만 반대로 남편이 아내의 직업적 성취를 위해 삶의 터전을 옮겨야 한다면 어떤 일이 벌어질까? 아마도 십중팔구 여성들은 남편의 지원을 요구하기보다는 자신의 커리어를 희생할 것이다. 내 경우도 마찬가지였을 것이다. 남편의 직장이 아니라 나의 직장을 위해 대구로 이사를 해야 했다면 아마도 나는 그 직장을 포기했을 것 같다.

페미니스트 소설가 치마만다 응고지 아디치에는 《엄마는 페미니스트》에서 '진정으로 평등한 것이라면 주어를 바꾸어도 같은 결과가 나와야 한다'고 했다. 주어가 남편일 경우와 아내일 경우에 완전히 다른 결과가 나오는 이런 현실은 분명 불평등했다.

모두의 삶이 온전해지려면

취업할 때 사람들은 일반적으로 자신의 적성과 흥미, 직장의 대우, 직업적 전망 등을 따져 본다. 취업 혹은 진로 선택에 도움을 주는 대부분의 심리검사 도구들도 개인의 진로가치, 적성, 흥미 등을 위주로 측정한다. 하지만 엄마가 된 여성이 취업 준비를 할 땐 이런 요소들보다 더 중요하게 고려되는 것이 있다. 바로 아이를 돌보는 문제다.

정신과 선생님의 조언을 따라 나는 살기 위해 일자리를 찾아 나섰다. 이대로 있다가는 나는 우울의 늪에, 아이는 불안의 늪에 빠져들 터였다. 서로에게 이로울 것이 하나 없었다. 하지만 그때까지 낯설기만 했던 대구에서 재취업을 하기 위해서는 반드시 해결해야 할 문제가 있었다. 내가 일하는 동안 아이를 돌봐줄 곳을 찾아야 했다. 가족들이 가까이 살고 있던 서울에서는 일자리를 잡게되면 급한 대로 아이를 부탁할 사람들이 있었지만, 대구는 달랐다.

나는 나의 일자리를 찾는 동시에 아이가 안전하게 돌봄 받을 곳을 수소문했다.

당시 아이는 만 3살이었다. 사회성 발달도 필요한 시기라 나는 도우미 이모님이 아닌 어린이집을 찾아 나섰다. 하지만 입학 시즌이었던 3월이 지난 시점에 빈자리가 있는 곳은 거의 없었다. 아이와 함께 이곳저곳 방문해서 상담을 받았지만, 할 수 있는 건 대기자 명단에 이름을 올리는 것뿐이었다. 연락이 올 때까지 기다리고 또 기다렸다.

나 홀로 고군분투

한 달이 넘도록 대기를 하자 마침내 한 어린이집에서 연락이 왔다. 이제 아이가 적응하는 것이 관건이었다. 아이의 어린이집 적응을 돕기 위해 보통 처음 며칠은 엄마가 아이와 함께 가서 분위기를 익히고, 점차적으로 아이가 혼자 있는 시간을 늘려가게끔 한다. 하지만 우리 아이에겐 나와 함께 있을 시간이 허락되지 않았다. 입학 시즌인 3월에 맞춰 들어온 다른 아이들은 이미 적응해서 혼자 지내는데 내가 교실에 있으면 다른 아이들까지 엄마를 찾게 된다는 이유였다.

난생처음으로 어린이집에 가는데다 항상 옆에 있던 엄마까지 곁에 없자 아이는 첫날부터 맹렬히 울어댔다. 그렇게 울어댄 지 딱 일주일 되던 날. 어린이집 원장 선생님은 아이의 울음소리에 발걸음이 떨어지지 않는 내게 아이를 다시 안겨주며 말했다.

"아이가 너무 울어서 다른 아이들에게 피해가 커요. 죄송합니다."

우리 아이는 다른 아이들에게 폐를 끼치는 아이가 되었고, 나는 아이를 안은 채 펑펑 울면서 집으로 돌아왔다.

다행인지 불행인지 나의 일자리는 아이가 어린이집에 안착하기도 전에 구해졌다. 마침 한 대학의 학생상담센터에 갑작스러운 결원이 생겼고, 그곳에서 내 이력서를 긍정적으로 검토해주었다. 그리고 되도록 빨리 출근해달라고 연락해왔다. 그토록 원했던 일을 다시 할 수 있게 됐지만, 아이가 어린이집에서 퇴출당한 상황이라 마냥 기뻐할 수는 없었다. 일할 기회를 날리는 것은 상상하기도 싫었다. 하지만 육아의 매 순간이 그렇듯 아이가 어린이집에 적응하는 일은 내가 통제할 수 있는 일이 아니었다.

기뻐해야 할 일 앞에서 불안이 더욱 커진 나는 원하는 일자리를 찾아 대구까지 와서 승승장구하고 있는 남편과 나의 처지가 자꾸만 비교됐다. '아빠'인 남편의 커리어를 위해 나는 삶의 터전까지 바꿔가며 지원을 했다. 하지만 '엄마'인 나는 집에서 30분 거리의 직장에 '시간제'로 출근하는 것도 내 마음대로 할 수 없었다. 내가 어린이집을 알아보고 아이의 돌봄을 해결하기 위해 고군분투하는 동안에도 남편은 커리어를 착실히 쌓아가고 있었다. 내가 속상함을 토로하면 그저 "잘 될 거야", "일은 천천히 하면 돼"라고 말해주는 게 고작이었다. 육아는 오롯이 '엄마의 몫'이라는 통념은 그렇게 우리 가족의 일상에서 실천되고 있었다.

다행히 대기를 걸어두었던 또 다른 어린이집에서 연락이 왔다. 그곳에선 엄마와 아이가 함께 등원하는 것을 허용했다. 아이는 처음 일주일 동안 나와 함께 어린이집에 머무를 수 있었고, 아이가 완전히 적응할 때까지 실습 선생님이 일대일로 돌보아주었다. 마침내 아이는 어린이집에 적응했고 나는 상담실에서 내담자들을 만나기 시작했다. 일을 시작하자 다시 생기가 느껴졌다. 사회와 연결되어 있고, 가정 밖 세상에 기여하고 있다는 느낌이 나를 우울에서 꺼내주었다.

육아는 오로지 엄마의 몫

대학의 학생상담센터에서 상담사로 일하면서 육아와 살림을 병행하며 지내던 그 무렵. 나는 상담사를 위한 연수 강좌에 참여했다. 청소년 인권에 대한 강의였는데 인권위원회 소속의 강사가 자신의 경험담을 들려줬다.

그 강사는 장거리 출퇴근을 하고 있었고 남편의 직장은 집에서 가까웠다. 그래서 매일 아침, 남편이 아이를 유치원에 데려다주고 출근하고 남편이 퇴근하면서 아이를 데려왔다. 아이가 유치원에 다닌 처음 몇 달간, 강사는 일이 매우 바빠 유치원에 한 번도 갈 수가 없었다. 그러던 어느 날 아이가 유치원에서 줬다며 종이 한 장을 건넸다. 그 종이엔 이렇게 적혀 있었다. '한부모가정 조사서.'

아빠가 아이의 유치원 등하원을 맡고 있다는 이유로 유치원에서는 이 아이를 '엄마 없는' 아이라고 판단한 것이다. 이는 우리 사회에 만연한 '육아는 엄마의 몫'이란 편견을 그대로 보여주는 '웃픈(웃기고도 슬픈)' 사건이었다. 유치원 측은 유치원에 오가는 건 당연히 엄마가 해야 할 일이며, 아빠가 아이를 돌보는 건 엄마가 없을 때만 가능한 일이라는 편견을 거리낌 없이 드러냈다. 인권위원회에서 일하는 강사는 당연히 가만있을 수 없었다. 강사는 당장 아이의 유치원에 전화해 "성별화를 조장하는 차별적 행위"라고 항의한 후 사과를 받아냈다고 했다.

'육아는 엄마의 몫'이라는 편견은 나의 일상 구석구석은 물론, 아이들의 교육 현장에서도 너무나 당연한 듯 받아들여지고 있었다. 이는 국가 전반의 정책에서도 마찬가지였다. 2018년, 정부는 각종 육아 정책들을 발표했는데 이 정책들은 '직장맘의 걱정을 덜어주기 위한 것'이라고 소개되어 있었다. 아이에 대한 걱정은 엄마의 것이고 아빠는 그런 걱정을 하지 않아도 된다는 전제에서 시작한 정책들이었다. 육아는 엄마의 몫이라는 편견을 아무렇지 않게 드러내는 사회. 나는 이런 사회 분위기 자체가 아빠들을 육아에서 배제시키고 엄마들이 홀로 아이를 책임지며 고군분투하는 지금의 현실을 만들어낸 건 아닐까 생각했다.

'아이 하나를 키우는 데 온 마을이 필요하다'는 말도 있건만, 그런 육아를 엄마 혼자 감당하는 것을 당연시하는 사회. 이런 사회에서 엄마가 된 여성들은 '엄마'가 아닌 다른 정체감을 상실할 수밖에 없다. 반대로 아빠들은 자신을 닮은 생명체의 성장에 동참하는 기쁨을 잃어버린 채 살아간다. 누구도 온전하게 살지 못하는 이런 상황은 도대체 어디서부터 시작된 걸까?

상실을 강요하는 가부장제

이런 현상의 원인을 한두 가지로 집어내는 것은 불가능할 것이다. 오랫동안 인류에게 축적된 문화적·정신적 요소들, 각 사회의 특수한 상황들, 전통과 종교의 영향 등 다양한 것들이 지금 우리 모두가 '상실'을 겪는 이 상황을 만들어냈을 것이다. 하지만 '돌봄은 여성의 몫'이라는 공식은 매우 오랫동안 전 세계적으로 통용되어 왔다. 이는 이런 현상을 당연히 여기도록 우리의 정신과 사회구조를 지배하는 보편적인 무엇이 있다는 의미다. 많은 학자는 대표적 원인으로 '가부장제'를 꼽는다.

가부장제는 남성 가장을 중심으로 한 가족체계에 기초한 사회체계 혹은 이를 유지하는 정신구조다. 가부장제는 남성 중심의 질서를 유지하기 위해 권력과 힘에 의한 서열과 이에 따른 복종을 내세운다. 가부장제는 이를 합리화하기 위해 이분법을 사용한다. 세상의 것들을 강자와 약자, 우월함과 열등함으로 나누는 것이다. 그리고 강하고 우월한 쪽은 약하고 열등한 쪽에게 복종할 것을 강요한다. 가부장제가 내세운 이 질서는 지난 수백 년간 동서고금을 거

쳐간 많은 철학과 사조, 정치 이념 틈에서 끈질기게 살아남았다. 그리고 대부분의 문화권 속에 남아 사회제도와 사람들의 정신세계 속 깊이 내면화되어 있다.

남성 대 여성, 인간 대 자연은 가부장제가 선호하는 가장 대표적인 이분법이다. 여기서 '남성'은 인간이고 강하고 우월한 것으로, '여성'은 자연과 함께 약하며 열등한 것으로 규정된다. 이 때문에 남성과 인간은 주체적인 것이 되고 여성과 자연은 남성이 지배해야 할 대상이 되어버린다. 여성은 남성의 시선으로 평가되며, 이에 맞추어 살도록 사회화된다. 이분법적인 대립구조에서 이미 드러났듯이 가부장제에서 인간은 남성만을 의미한다. 여성은 한 사람으로서 개별성을 인정받지 못하고 재생산의 수단으로만 대우받는다. '엄마 되기'는 여성이 존재하는 거의 유일한 이유고, 여성은 출산과 양육, 돌봄을 담당하는 '엄마'라는 정체감으로만 살아가길 강요받는다.

동시에 가부장제는 여성이 주로 담당하는 돌봄노동은 약하고 하찮은 것으로, 남성의 사회활동은 강하고 중요한 것으로 간주한다. 따라서 엄마 혹은 돌봄노동자로서 여성은 아무리 최선을 다해도 인정받지 못한다. 반면 남성은 하찮은 돌봄노동에 헌신하면 안 되기에 아버지로서 기쁨을 누리고 싶은 욕망을 저 멀리 밀어내고 경제적 인간으로만 살아간다. 가부장 질서에 충실한 남성들은 대부분의 돌봄을 아내에게 의존하면서 스스로 밥을 해 먹거나 자신의 빨래를 하는 기본적인 '자기돌봄' 능력조차 상실한 사람이 되고 만다. 결국, 남성 역시 자신의 절반 이상을 잃어버린 채 살아갈 수밖에 없다. 그 누구도 온전한 자기 자신으로 살아가는 게 불가능한 구조인 것이다.

나는 태어나면서부터 이런 가부장 문화에 편입되었다. 나의 어머니와 그 어머니, 그리고 그 어머니들은 가부장 사회에서 규정한 여성의 삶을 살아냈고, 의도했든 의도하지 않았든 이를 후세대로 전파했다(어머니들뿐 아니라 아버지들, 그리고 교육체계, 사회 분위기 자체가 가부장 문화 전파에 관여한다). 동시에 나는 가부장제 사회의 모순을 발견하고 이에 대항하는 물결도 함께 겪었다. 나는 성장하는 동안 여성도 자신의 욕망과 꿈이 있으며, 한 사람으로서 존중받아야 한다는 교육을 받았다. 나의 부모님은 딸들이 독립된 사람으로 살아가길 응원하시는 분들이었다. 비록 본인들은 철저한 가부장적 성역할에 따라 사시는 모습을 보이셨지만, 딸들이 한 사람으로서 자신의 꿈을 성취할 수 있도록 교육에 열정을 다하셨다.

이런 부모님 덕분에 나는 내가 가부장 문화에 속해있다는 것을 잊은 채 성장했다. 학창 시절에도, 기자로서 사회에 첫발을 내디뎠을 때도 나는 열심히 공부하고 일하면 꿈을 실천하는 '한 사람'으로 살 수 있으리라 믿었다. 열심히 하면 성차별적 요소도 극복할 수 있다고 생각했다. 하지만 '결혼제도' 속으로 들어가면서 나는 비로소 현실을 깨달았다. 시가 중심으로 이루어지는 한국의 결혼제도는 가부장제를 강력하게 뒷받침하는 체제였다. 결혼과 함께 가부장 문화의 강력한 힘이 내게 압력을 가해왔다. 이 힘에 적응하기 위해 나는 분열되어갔다.

2장

분열

내가 아닌 나로 산다는 것

‘나’ 대신 ‘며느리’를 선택했을 때

내 나이 스물여덟, 이른 가을이었다. 지금의 남편과 연애한 지 1년 남짓. 나름 남들이 부러워할 만한 연애를 하고 있다고 자부하던 나는 당연한 수순으로 프러포즈를 기다리고 있었다. 선선한 바람이 불던 어느 날 저녁. 당시 남자친구였던 남편과 나는 서울 흑석동의 골목길을 걸었다. 좁은 골목길을 돌고 돌아 작은 공원에 도착했다. 벤치 하나 달랑 있는 아주 작은 공원이었지만 서울의 야경을 가득 품은 그곳에서 나는 프러포즈를 받았다. 그렇게 너무나 자연스럽게 결혼 절차가 시작됐다. 낭만적 사랑에 빠져 있던 어린 나에게 결혼은 우리 사랑의 완성을 의미했다.

당시 남편의 직장과 나의 친정집은 매우 가까운 거리에 있었고 덕분에 남편은 자연스럽게 우리 식구들과 교류하고 있었다. 자취를 했던 남편은 출근 전 종종 우리 집에 들러 아침을 먹곤 했다. 본인도 출근해야 하면서 우리 식구는 물론, 내 남자친구의 아침까지 챙겨주시던 친정엄마는 이미 그를 사위로 대하고 있는 참이었다. 나만 그의 가족들에게 합격점을 받으면 될 일이었다. 프러포즈를 받고 한 달 뒤쯤인 어느 토요일. 대전에 살고 계신 남편의 부모님과 첫 만남 날짜가 잡혔다.

나의 취향과 신념을 저버리다

날을 잡아 놓고 내가 가장 먼저 한 일은 '고기 먹기 연습'이었다. 나는 초등학교 4학년 때부터 채식을 해왔다. 학교에서 현장학습차 방문했던 독립기념관에서 참혹한 고문 장면들을 보고 나는 적잖은 충격을 받았었다. 그날 이후 핏빛 고기는 내게 잔혹함을 떠오르게 했다. 친정엄마 말로는 내가 독립기념관에 다녀오고 나서 며칠 동안 시름시름 앓다가 고기를 끊었다고 한다. 그 후 환경문제, 동물권과 관련된 문제들을 인식하면서 나는 의식적으로 채식을 이어가고 있었다.

남편은 내가 채식한다는 것을 알고 있었다. 하지만 인사드리러 가는 일정을 조율하던 그는 이렇게 말했다.

"그날 고깃집에 가신다는데 어떡하지? 아버지는 편식을 아주 싫어하셔서. 채식도 편식이라고 생각하실걸?"

나는 걱정이 됐다. 채식을 한다는 이유로 시가에서 점수를 깎일 수는 없는 노릇이었다. 나는 내 취향과 신념을 존중해달라고 말하는 대신 '고기 먹는 연습'을 선택했다. 몇 차례 남편과 함께 고깃집에 가서 양념이 듬뿍 밴 고기를 아주 조금 넣고 채소를 잔뜩 넣어서 쌈을 크게 만들어 먹어보았다. 고기를 매우 잘 먹는 것처럼 보이는 듯했다. 다행히 역겹지는 않았다.

그때 난 왜 "저는 채식주의자입니다"라고 당당하게 밝힐 생각조차 하지 못했을까? 어떻게 아무도 가르쳐주지 않았는데 시부모의 취향을 무조건 맞춰야 한다고 생각했던 걸까? 지금 돌아보면 이미 내 몸에는 가부장적 사고방식이 깊게 새겨져 있었던 것 같다. 나는 딸만 둘인 집에서, 일하는 엄마와 함께 살아왔다. 여성도 무엇이든 할 수 있고, 무엇이든 될 수 있으며, 각자의 취향을 존중받는 분위기 속에서 자라왔다. 그런데도 사회 전반에 퍼져있는 가부장 문화는 그렇게 내 안에 스며들어 있었다.

《내 안의 가부장》의 저자 시드라 레비 스톤은 오랫동안 이어져 온 가부장 문화와 사고방식은 자신도 모르는 사이, 무의식 깊은 곳에 내면화된다고 했다. 그리고 이를 '내 안의 가부장'이라고 명명했다. 결혼이라는 가부장제를 떠받드는 시스템에 발을 담그자마자 '내 안의 가부장'은 자동으로 발동됐다. 당시의 나에겐 내 취향과 신념보다 '예비 시부모님의 평가'가 훨씬 더 중요했다.

"아버님 벌이가 시원찮은가 보구나"

드디어 그날이 왔다. 며칠 전부터 의상을 골라 두고, 새벽부터 머리를 손질하느라 분주했던 기억이 난다. 잔뜩 긴장하긴 했지만 서른 전에 결혼하는 것을 하나의 성취라고 여겼던 나는 기쁜 마음으로 남편의 가족들을 만났다. 시아버지와 시어머니 모두 반갑고 따뜻하게 나를 맞아주셨다. 이런저런 이야기가 화기애애하게 오갔고, 긴장도 조금 풀어졌다. 그러다 시아버지는 내게 부모님의 직업을 물으셨다.

"아버지는 작게 자영업을 하고 계시고 어머니는 초등학교 교사십니다."

내가 답했다. 그러자 아버님은 이렇게 말씀하셨다.

"아버님 벌이가 시원찮은가 보구나."

나는 이 말에 몹시 당황했고 그 즉시 불편함을 느꼈다. 하지만 그 어떤 불쾌감도 표시하지 않았다. 대신 내 감정을 들키지 않으면서 공손한 며느릿감으로 보일 만한 적절한 대답을 찾으려고 안간힘을 썼다. 뭐라고 답했는지 정확히 기억나진 않지만 어쨌든 나는 생글생글 웃어 보이며 좋은 점수를 따냈다. 다시 서울로 돌아오는 길에 남편은 어른들이 나를 예뻐하시는 거 같다며 결혼 날짜만 잡으면 된다고 행복해했다.

하지만 나는 돌아오는 내내 찜찜한 기분을 떨쳐낼 수 없었다. 먹지 못하는 고기를 먹고, 무슨 말에도 웃어 보이며, 평소와는 다르게 어른들과 스킨십까지 하며 다정함을 과시했던 그날. 이런 노력이 좋은 결실로 이어지리라 확신했던 그날. 나는 평소와는 너무 다른 내 모습이 낯설게 느껴졌다.

나는 남편과 연애하면서 그와 있을 때 내가 가장 나답다고 느꼈다. 그 생생한 느낌이 좋아 그와 평생을 함께할 수 있으리라 믿었다. 그런데 그와 같이 살기 위해서 그의 식구들을 만날 때마다 이렇게 내가 아닌 나의 모습을 연기해야 한다니 숨이 막혀왔다. 남편과 함께하는 생생한 '나'와 시가에서의 나를 내려놓은 '나'. '시가 중심 가부장제'가 핵심인 한국의 결혼제도는 며느리가 되기 전부터 나를 이렇게 분열시켰다.

또한, 아무런 대응도 하지 못했던 불쾌하고 무례했던 시아버지의 그 말. "아버님 벌이가 시원찮은가 보구나"라는 말이 자꾸만 떠올랐다.

'일'이 의미하는 것

친정아버지의 벌이가 시원치 않은 것은 사실이었다. 아버지가 하시던 사업은 대부분 좋지 않게 끝났기 때문에 어머니가 집안의 경제적 부분까지 도맡으셨던 것도 맞다. 그런데 만일 아버지의 벌이가 좋았다면 어머니가 교사직을 그만두셨을까? 그건 절대 아니었다. 어머니는 교사를 천직으로 여기신 분이셨다. 아이들과 함께 교실에서 생활하는 게 진짜 교사라며 평생을 평교사만 하셨을 만큼 교사로서 자부심을 가지고 계셨다.

아버지가 사업에 실패하면서 두 분 사이가 멀어지고 경제적으로 힘들 때도 어머니는 교사로 일하면서 힘을 내셨다. 말썽쟁이 꼬맹

이들이 성장해가는 모습을 보면서 삶의 의미를 찾으셨고, 성인이 되어 찾아오는 제자들은 어머니에게 큰 기쁨이 되었다. 어머니는 아버지가 성공한 사업가였어도 절대로 교사라는 정체감을 포기하지 않았을 것이 분명했다.

이런 어머니를 둔 나에게 '일'은 단지 돈을 벌기 위해 하는 행위가 아니었다. 일의 경제적 의미 역시 중요했지만, 내게 일은 세상과 연결되고, 가치를 실현하며, 삶의 의미를 더해주고 사회적 정체감을 실천하는 수단이었다. 어머니는 나의 본보기가 되어 주었고 어머니의 자매인 이모들도 모두 직업을 가지고 있었다. 나는 단 한 번도 '결혼하고 남편이 돈을 잘 벌어오면 내가 일할 필요는 없다'고 생각해 본 적이 없었다. 나를 실현하고 세상에 봉사하기 위해, 그리고 가정을 꾸려가기 위해서 일하는 것은 당연했다.

사실 사전적 의미에서도 그렇다. 일의 사전적 의미는 '무엇을 이루거나 적절한 대가를 받기 위하여 어떤 장소에서 일정한 시간 동안 몸을 움직이거나 머리를 쓰는 활동'이다. 어느 곳에도 일이 생계만을 위한 것이란 설명은 없다. '무엇을 이룬다'는 것은 자신의 꿈이나 가치일 수도 있다. '적절한 대가'란 경제적인 것뿐만 아니라 일을 통해 얻게 되는 성취감과 보람, 의미일 수도 있는 것이다.

내 전공 분야인 심리학에서도 마찬가지다. 진로발달이론을 정립한 도날드 슈퍼는 '사람은 자신의 자아 이미지와 일치하는 직업을 선택한다'며 '직업은 생애발달과정에서 만나는 다양한 역할 중 하나로 이해되어야 한다'고 했다. 이처럼 심리학에서 직업 혹은 일은 생계유지 수단을 넘어 한 개인의 심리적 성숙과 자아실현에 있어 매우 중요한 요소로 간주된다.

하지만 시아버지의 저 발언으로 짐작해보건대, 시가에서 '일'이란 단지 생계를 위해 돈을 버는 것일 뿐이었다. 특히 여성의 일이란 남편이 잘 벌지 못해 생계를 유지해야 할 때만 필요한 것이었다. 일에서의 정체감이 무척 중요했던 내게 이런 관점의 차이는 또 다른 분열을 예고하고 있었다. 하지만 당시 나는 낭만적인 사랑에 푹 빠진 상태였다. 결혼을 위해서라면, 그와 평생을 하기 위해서라면 이런 찜찜한 기분쯤은 중요하지 않았다. 나는 내면이 알려주는 이 분열의 사인을 애써 무시했다. 결혼 날짜를 정하고, 청첩장을 만들고, 드레스를 입고 사진을 찍는 설렘 속으로 이날의 감정은 잊혀갔다.

, 남편의 성공은 아내의 성공?

　그야말로 환상적인 날씨였다. 전날 시원하게 내린 비 덕분에 그해 유난히 심했던 황사도 사라졌다. 온 세상이 깨끗했다. 맑고 파란 하늘 아래 5월의 생기를 느끼면서 우리는 혼인 서약을 하고, 마침내 부부가 됐다. 드라마나 영화에서는 결혼식 도중 많은 신부가 눈물을 흘리건만, 나는 결혼식 내내 싱글벙글했다. 결혼은 내게 하나의 성취처럼 느껴졌다.

　우리는 다음 날 이른 아침 비행기로 신혼여행을 떠날 예정이었기에 결혼식을 마치고 인천공항 근처의 한 호텔로 향했다. 결혼식의 분주함에서 벗어나 조용하고 아늑한 방에 남편과 둘이 남게 되었는데 갑자기 이상한 기분이 밀려 들어왔다. 내가 결혼을 했다는 것이 믿기지 않았다. 태어나서 쭉 함께 살아온 부모님과 동생이 있는 곳이 아닌, 고작 몇 년 알고 지낸 이 남자가 있는 곳이 나의 집이 됐다니. 나를 생생하게 살아있도록 해준다고 믿었던 내 옆에 있는 이 남자가 갑자기 낯설게 느껴졌다.

그러던 차에 부모님께 전화가 걸려왔다. 부모님의 목소리를 듣는데 나도 모르게 눈물이 쏟아지기 시작했다. '오롯한 나 자신'을 마음껏 표현했던 어린 시절과 이런 나를 조건 없이 사랑해주시던 부모님. 그 사랑의 힘으로 꿈을 이루기 위해 노력하던 학창 시절의 나, 일하면서 정체감을 단단히 다져가던 20대의 내 모습이 스쳐 지나갔다. 이제 나는 부모님과 함께 살던 때의 나와는 다른 차원의 삶을 시작하고 있었다. 묘한 단절감을 느끼면서 한바탕 서럽게 눈물을 쏟아냈다. 그리고 예정된 신혼여행길에 올랐다. 다행히 여행의 낭만과 흥분은 이런 기분을 씻어주었다.

오래된 고민을 꺼내 들다

신혼여행에서 돌아온 후, 우리는 새롭고도 익숙한 일상으로 돌아왔다. 가정에서는 아내와 며느리라는 새로운 역할을 맡게 됐지만, 일에서는 예전의 것들을 유지했다. 남편은 그의 일에서 최선을 다했고, 나 역시 취재기자로 계속 일했다. 집에서는 모든 것이 낯설었지만, 일 덕분에 과거와 현재의 내가 연결되어 있음을 느낄 수 있었다.

하지만 새로운 생활에 어느 정도 익숙해지자 결혼을 준비하느라 잠시 밀어뒀던 고민이 다시금 고개를 들기 시작했다. 사실 나는 오래전부터 기자라는 일에 회의를 느끼고 있었다. 내가 쓰는 글이 특정 영화나 배우를 홍보하는 것(당시 나는 처음 입사했던 신문사를 나와 영화 전문 주간지에서 일하고 있었다) 말고는 사회에 어떤 보탬이 되는지 도무지 알 수가 없었다. '누군가에게 힘이 되는 글쓰기'를 하겠다고 다짐했던 마음은 기자 생활을 하는 7년 동안 현실과 점점 더 멀어지기만 했다.

영화 담당 기자로 오랫동안 일하면서 나는 내가 영화를 보는 방식이 다른 이들과는 조금 다름을 깨달았다. 나는 영화 자체보다 등장인물의 마음을 관찰하는 것이 즐거웠다. 그래서 등장인물들의 마음의 흐름을 따라가며 글을 쓰곤 했다. 하지만 나의 관점은 회사의 편집관과 종종 부딪혔다. 이런 갈등 속에서 누군가에게 직접적으로 도움 줄 수 있는 일을 하고 싶다는 마음은 더욱 간절해져 갔다.

게다가 당시 나는 새로 부여된 '아내'라는 역할에 헌신하고 있었다. 취재원들과의 만남보다 일찍 퇴근한 남편의 저녁밥을 차려주는 것이 더 중요했고 휴일에 현장취재를 하러 갈 일이 생기면 남편을 홀로 둔다는 게 너무나도 미안했다. 당연히 일에 소홀해질 수밖에 없었다.

과거의 나와 단절되다

그러던 중 우연히 '상담심리학'이라는 분야를 알게 되었다. 이 공부를 하면, 내가 그토록 분석하고 싶었던 영화 속 등장인물의 마음을 좀 더 잘 알게 될 것 같았다. 대학원에 진학해 상담심리학을 전공하고, 수련받은 후 상담심리사 자격증을 따면 누군가에게 힘이 되는 일을 할 수 있음도 알게 됐다. 야근이나 회식이 없고, 근무 환경이 유연한 편이라 훗날 아이가 생겼을 때 육아와 병행하기 쉽다는 점도 매력적이었다.

결국 나는 남편과 상의 후에 중학교 때부터 꿈꿔왔던 직업인 기자를 그만두기로 했다. 한 달간 휴직하면서 심사숙고해 대학원을 알아본 뒤, 회사에 사표를 냈다. 나는 '누군가에게 힘을 주는 상담'을 하겠다는 열정으로 가득했다. 기자직을 접은 것에 대한 아쉬움도, 새로운 미래에 대한 두려움도 전혀 없었다.

하지만 사표를 냈을 때 나의 이런 결심에 관심을 가져주는 사람은 아무도 없었다. 회사 동료들의 반응은 '그럴 줄 알았다'는 게 대부분이었다. 사실 당시 내가 일했던 영화잡지사에는 결혼한 여기자가 단 한 명도 없었다. 여성이 조직의 70%를 차지했지만, 팀장급 이상은 모두 남성이었고 이들은 모두 기혼자였다. 청첩장을 돌렸던 날, 역시 남성이었던 팀장님은 내게 결혼 축하 인사를 이렇게 건넸다.

"결혼한 여자가 어떻게 일하는지 궁금한걸?"

나는 이 말이 불편하게 느껴졌지만 그저 '무슨 말이 저래?'라며 의아해하며 넘겼었다.

결국 난 사표를 냄으로써 이 말에 담긴 편견을 확인시켜준 셈이었다. 나는 보다 의미 있고 보람 있는 일을 하기 위해 자발적으로 진로 변경을 한 것이지만, 회사에서는 '그럼 그렇지. 결혼한 여자가 어떻게 기자 일을 하겠어?'라며 당연한 일로 받아들였다. 하긴, 남편과 시간을 보내기 위해 일에 소홀해지고, 상담심리사의 탄력적 근무 형태에 매력을 느꼈으니 '결혼한 여자는 직장에 충실하지 못하다'라는 고정관념을 스스로 실천한 거나 마찬가지였을지도 모른다. 이렇게 나는 결혼 8개월 만에 일에서도 다른 길을 걷기 시작했다. 이제 나는 결혼 전의 나와 완전히 단절되고 말았다.

'부수적 존재'라는 느낌

나는 회사에 사표를 낸 후, 그해 가을학기 입학을 목표로 곧바로 대학원 입시 준비에 들어갔다. 학부때 전공과는 다른 것을 공부해야 했기에 스터디 모임에 가서 새로운 동료들과 함께 시험 준비를 했다. 공부를 시작한 지 얼마 되지 않아 시가에 방문했을 때 나는 시가 어른들께 내 꿈을 이야기했다.

"아버님, 저 일 그만뒀어요. 대학원에 진학해서 상담심리학을 공부해보고 싶어서요."

그러자 시아버지는 이렇게 말씀하셨다.

"그래, 잘 생각했다. 너는 내 아들 뒷바라지만 잘하면 행복하다."

나는 왜 일을 그만두었는지, 앞으로의 계획은 어떤지 설명해 드리고 싶었다. 하지만 시부모님은 아무것도 궁금해하지 않으셨다.

분명 대학원에 진학해서 공부하겠다고 말씀드렸는데 그 부분은 못 들으신 것 같았다. "내 아들 뒷바라지만 잘하면 행복하다." 이 한 마디로 나의 꿈은 일축되었다.

시아버지의 이 말씀은 내게 일종의 깨달음을 줬다. 결혼 후 아니, 결혼 전부터 시댁에 갈 때마다 밀려왔던 불편한 기분의 이유가 명확해졌다. 시부모님이 나를 일부러 불편하게 한 적은 한 번도 없었다. 오히려 일상적인 상황에서는 내게 무척 다정하셨다. 요리나 설거지를 제대로 못해도 야단치지 않으셨고, 과일을 어설프게 깎아도 새아가가 깎은 과일은 더 맛있다며 예뻐해주셨다. 하지만 나는 시가 식구들과 만날 때마다 자꾸만 작아지고 초라해졌다.

'예뻐해주시는 시부모님'과 '불편한 기분'에서 느껴지는 불일치의 원인은 바로 이거였다. 시댁에서 나는 '남편 뒷바라지하는 사람'이었다. 나를 바라보는 시각 자체가 '한 사람'이 아닌 '남편을 위해 존재하는 사람'이었기에 시부모님의 호의에도 불구하고 나는 불편하기만 했던 것이다. 시몬 드 보부아르가 1949년,《제2의 성》에 적었던 그 유명한 구절. '여자는 남자를 참고로 하여 정의되고 구별되지만, 남자는 여자를 참고로 정의되지 않는다. 즉, 여자는 부수적 존재다'라고 했던 그 말이 내게 현실이 되었다.

자발적 헌신 vs 가부장적 의존

이런 깨달음은 그동안 내가 남편에게 베풀었던 아내로서의 헌신을 돌아보게 했다. 이른 새벽에 일어나 아침밥을 차리고, 남편의 출근 준비를 돕는 것, 남편이 일찍 퇴근하는 날이면 저녁 약속을 모두 마다하고 장을 봐서 식사를 준비하는 것, 스터디 모임에 나가 늦게 돌아올 때마다 남편에게 미안해했던 일 등이 과연 아내로서 하는 사랑의 표현인지, '남편을 뒷바라지해야 하는 존재'라는 규정에 스스로를 가두어서 하는 일인지 헷갈리기 시작했다. 신혼이었던 내가 기쁜 마음으로 헌신한 것은 분명했다. 하지만 지금 돌아보면 점차 의존적으로 변해갔던 나의 모습 속엔 자발적 헌신 외에 다른 요소들이 함께했던 것 같다.

대학원 입시 준비를 하고 있긴 했지만 일을 그만두고 집에 머물게 되자 나는 나 자신보다 남편을 기쁘게 하기 위한 것에 많은 시간을 썼다. 공부하는 시간 외의 대부분을 식사 준비나 남편의 옷을 손질하는 데 사용했다. 남편이 내가 기울인 정성에 화답할 때면 행복했지만 갑작스러운 회식이나 모임으로 이를 알아주지 않을 때면 무척이나 서운해했다. 나는 내 행복을 스스로 만들어가기보다 남편의 반응에 의존하고 있었다. 남편은 이런 것들을 요구한 적이 한 번도 없었지만 나는 나도 모르는 사이에 가부장 사회의 성역할을 그대로 따르면서 수동적인 여성이 되어갔다.

나는 이렇게 분열되기 시작했다. 결혼 전엔 일에서 오는 단단한 정체감을 중심으로 어느 자리에서든 스스로를 '나답다'고 느꼈다. 하지만 결혼 후 나의 정체감은 갈라졌다. 시댁에서 나는 온전한

한 사람이 아닌 남편에 의해 규정되는 '부수적 존재'였다. 남편과의 관계에서는 '자발적 헌신'과 '가부장적 의존' 사이를 오가며 헤매고 있었다. 이전까지 나를 규정했던 '기자'라는 강력한 정체감도 이젠 사라지고 없었다.

🐾 결국 엄마처럼 살고 있는 나

언제부터였을까. 내가 남편과의 관계에서 불평등을 인식하기 시작했던 것이.

2년간의 '닭살 연애(내 친구들은 이렇게 불렀다)'를 하던 때. 나는 남자친구였던 남편을 챙겨주는 일이 즐겁기만 했다. 자취를 하고 있던 남자친구를 위해 나는 종종 퇴근 후 장을 봐서 그의 집에 갔다. 그가 없는 빈집에서 서툴기만 한 솜씨로 요리를 하고 그를 기다렸다. 늦은 시간, 그가 돌아와 내가 만들어 놓은 음식을 맛있게 먹으면 기쁘기 그지없었다.

신혼 때도 마찬가지였다. 당시 나는 기자로 일하고 있었다. 내가 쓴 글이 불특정 다수에게 영향을 미치는 중요한 일이었다. 하지만 나는 무슨 이유에서인지 남편의 일이 훨씬 더 중요하다고 생각했다. 그래서 신혼여행에서 돌아와 일상이 시작된 첫날부터 남편을 위해 매일 새벽 5시면 일어나 아침 식사를 준비했다. 혹여나 피곤

한 남편이 깰까 봐 살짝 일어나 서툰 요리 솜씨로 무려 1시간이나 들여 국을 끓이고 밥을 짓고, 매일 다른 메뉴로 아침 식사를 만들어 주기 위해 애썼다.

　결혼 전에 늘 엄마가 해주는 밥을 먹고 출근했던 내게 새벽밥 짓기는 쉽지 않은 일이었다. 하지만 나보다 더 힘들고 중요한 일을 하는 남편을 위해 이 정도는 아내로서 당연히 제공해야 하는 '돌봄'이라고 생각했다. 심지어 자취를 하며 아침밥을 먹지 않는 데 익숙해져 있었던 남편은 아침밥을 먹으면 오히려 배탈이 난다고 호소했지만, 나는 '아침밥은 몸에 좋으며, 아침밥이 맞는 체질로 바꿔야 한다'는 생각으로 더 열심히 밥을 지었다.

　매일 아침, 남편이 씻는 사이 그가 입고 갈 와이셔츠와 바지, 넥타이와 양말을 코디해서 침대에 놓아두는 일도 즐거웠다. 남편이 바깥에서 "결혼하니 때깔이 달라졌어. 장가 잘 갔네" 같은 말을 듣길 바랐다. 남편이 결혼 전보다 조금 살이 오르고 피부색이 맑아진 것 같아서 나 스스로를 대견해했던 때도 있었다. 도대체 남편의 영양 상태가 좋아 보이는 게 왜 내 책임이라고 생각했는지 지금은 도무지 이해가 안 가지만, 난 당시 '좋은 아내'의 반열에 들기 위해 부단히 애쓰고 있었다.

당연해진 과도한 돌봄

　저녁에도 마찬가지였다. 야근이 잦은 남편이 집에 와서 저녁을 먹는 날이면, 나는 취재원과의 약속도 미루고 집으로 달려갔다. 쓰다만 기사들을 뒤로하고, 재빨리 퇴근해 요리책을 펴고 이것저것 만들어 놓은 뒤, 창밖을 내다보며 남편이 돌아오길 기다렸다. 남편이 현관문을 열고 들어오면 바로 먹을 수 있도록 따끈하게 먹어야 하는 국 종류만 빼고 다른 음식들은 모두 테이블에 예쁘게 차려두었다. 남편이 딱 맞춰서 도착해 내가 만들어 놓은 음식을 칭찬해주면 그렇게 행복할 수가 없었다. '평등한 부부'라면 함께 저녁 식사를 준비해서 먹고 치워야 했지만, 당시 나는 남편을 '대접'해야 한다고 생각했다.

그러던 내가 남편에게 서운함을 느끼기 시작했다. 처음엔 내가 제공하는 모든 돌봄에 감사를 표현했던 남편이 어느 순간부터 이를 당연하게 받아들였기 때문이다. 나름 야심 차게 준비한 아침밥을 입맛이 없다는 이유로 먹지 않고 나가는 날도 있었다. 내가 저녁을 해놓고 기다리고 있을 때 갑작스러운 전화 한 통으로 회식에 가야 한다거나 야근을 해야 한다고 통보해오는 날도 많아졌다.

그날도 그랬다. 남편이 좋아하는 동태찌개를 끓여두고 그의 퇴근을 기다리고 있을 때였다. 7시쯤 온다고 했던 남편이 8시가 다 되어가는데도 오지 않았다. 창문으로 그의 모습이 보이는지 살피고 있을 때 전화가 걸려왔다.

"아직 일이 안 끝났어. 지금 막 저녁 먹고 다시 일하러 들어가는 길이야."

남편은 이렇게 말하고는 나의 대답을 듣기도 전에 전화를 뚝 끊어버렸다.

'저녁 먹기 전에 전화 좀 해주면 안 되나. 당신 기다리느라 지금까지 밥도 안 먹고 있는 내 생각은 전혀 안 해주네!'

서운함과 분노가 함께 올라왔다. 갑자기 눈물이 났다.

'지금 내가 뭐하고 있는 거지? 왜 다 큰 어른 밥 차려주는 데 이렇게 안달을 하는 거야? 남편은 단 한 번도 나의 끼니를 걱정해주거나 챙겨준 적 없는 거 같은데. 뭔가 이건 잘못됐어!'

눈물과 함께 나는 지금까지 내가 남편에게 제공한 돌봄이 부당하다는 생각이 들었다. 동시에 늘 가족의 식사를 정성껏 차리셨던 친정엄마의 모습이 지금의 나와 오버랩되어 스쳐 지나갔다.

불편한 희생

나의 친정엄마는(지금은 하늘나라에 계신다) 초등학교 교사였다. 원래는 4년제 대학에 가고 싶었지만 바로 밑의 남동생을 대학에 보내야 한다는 이유로 외할아버지는 엄마의 대학 진학을 반대하셨다. 하지만 외할머니는 여성도 교육받아야 한다는 신념을 가진 분이셨다. 외할머니는 맏딸인 엄마에게 집을 떠나 타지에 있는 교육대학(당시에는 2년제)에 진학하라고 권했다. 그리고 외할아버지를 설득해 엄마가 대학을 졸업하도록 도왔다. 엄마는 그렇게 교육대학을 졸업하고 초등학교 교사가 됐다.

엄마는 교사를 천직으로 생각하셨다. 아이들과 함께 교실에서 생활하는 것이 늘 즐겁다고 하셨다. 교감이나 장학사 등의 관리직으로 승진할 수도 있었지만, 엄마는 아이들과 함께 지내는 게 좋다며 평생 평교사로 지내셨다. 이런 마음이 전해졌는지 엄마가 직장암 말기 진단을 받고 휴직하셨을 때, 성인이 된 엄마의 제자들은 번갈아 집에 와서 낮 동안 혼자 계신 어머니를 돌봐주었다.

엄마의 희생은 끝이 없었다. 교사로서도 늘 최선을 다하셨지만 집에서도 매우 헌신적이었다. 매일 새벽에 제일 먼저 일어나 식구들 아침밥을 챙기셨고 두 딸의 머리를 예쁘게 땋아 주셨다. 퇴근 후엔 저녁 식사를 차리고, 주무시기 전까지 집을 청소하고 빨래를 하고 우리들의 숙제를 봐주셨다. 나와 내 동생은 이런 엄마를 졸졸 따라다니면서 낮 동안 학교에서 있었던 일을 들려주었다. 엄마는 늘 무언가를 하시면서도 우리 이야기를 듣는 데 소홀하지 않으셨고 적절한 조언을 건네주셨다.

초등학교 고학년 때쯤으로 기억되는 어느 날. 나와 동생은 이런 엄마를 위해, 엄마가 퇴근하기 전에 청소를 하고 아침에 남은 설거지를 했다. 퇴근한 엄마에게 우리가 한 일을 보여주며 칭찬을 기다리고 있었다. 그런데 엄마는 이렇게 말씀하셨다.

"너희들은 집안일하지 마. 여자는 일할 줄 알면 계속 일만 하게 돼. 나중에 결혼해서 하는 것만으로도 충분해. 너희들은 너희가 하고 싶은 것 마음껏 하고 살아."

반면 아버지는 사업을 하시면서 늦게 들어오는 날이 많았고 설령 일찍 오신다고 해도 집안일 거드시는 건 본 적이 없었다. 주말이면 등산하러 다니시거나 테니스동호회에 나가서 취미 활동을 하셨다. 주말에도 엄마는 독박육아를 하신 것이다. 하지만 그때 난 몰랐다. 그냥 그게 당연히 엄마의 삶, 여자의 삶인 줄만 알았다.

그러던 친정엄마는 내가 결혼한 그해에 덜컥 직장암 말기 진단을 받으셨다. 우리 가족이 받은 정신적 충격은 매우 컸다. 하지만 당사자인 엄마는 달랐다. 가장 먼저 충격에서 벗어나 마음을 다지셨고, 2주에 한 번씩 씩씩하게 항암치료를 받으러 다니셨다. 입원은 하지 않고 외래에서 항암제를 맞고 집에 와서 회복한 후 다시 항암 주사를 맞곤 하셨는데, 항암제 부작용으로 힘들어하시면서도 금세 다시 집안일을 하셨다. 본인은 잘 드시지도 못하면서 여전히 아침마다 아버지의 아침밥을 지었다. 빨래를 하셨고 예전만큼 자주는 아니었지만 청소도 하셨다. 우리 부부는 아픈 엄마를 보기 위해 자주 친정에 방문했는데 엄마는 그때마다 우리를 위해 먹을 것을 내어주셨다.

엄마는 암환자였지만 여성이라는 이유로 아내와 엄마라는 전통적 성역할을 끝까지 지켜내셨다. 정신을 잃고 중환자실에 입원하는 그날까지 '돌봄노동'을 쉬지 않으셨던 것이다.

아버지는 이런 엄마를 안타까워하시면서도 본인이 먼저 나서 적극적으로 돌볼 생각은 하지 못하셨다. 당연한 듯, 엄마가 해주시는 밥을 먹었다. 엄마가 항암제 부작용으로 힘든 날에는 집에서 1시간 거리에 사는 이모가 방문해 음식을 만들고, 집안일을 거들어 주었다. 돌보는 일은 여성의 일이었다.

이는 비단 우리 가족만의 경험은 아니었던 모양이다. 여성 암환자들이 함께 사는 남성에게 돌봄 받지 못하는 현상은 여전히 계속되고 있다. 2019년, 정안숙 교수 외 3명이 발표한 논문에 따르면 암에 걸린 남성의 86.1%는 배우자의 간병을 받지만, 암에 걸린 여성 중 배우자의 간병을 받는 사람은 36.1%에 불과했다. 물론 모든 여성 암환자들이 집에서 돌봄 받지 못하는 것은 아닐 것이다. 잘 돌볼 줄 아는 남편, 아버지, 아들, 애인이 있다는 것도 안다. 하지만 아직도 한국 사회에서 여성이 남성인 배우자의 돌봄을 받는 일은 일반적이지 않다.

이처럼 본인이 돌봄 받아야 마땅한 중환자인데도 보살핌 받기는커녕 아버지와 우리를 돌보려 하셨던 엄마의 모습. 난 이런 엄마가 무척 불편했다. 자신보다 늘 식구들을 먼저 챙기시는 엄마의 모습에 나는 죄책감을 느꼈다. 동시에 환자인 엄마의 돌봄을 당연하게 받으며 사는 아버지에게는 점점 화가 났다. 아픈 엄마를 보러 갈 때마다 죄책감과 분노라는 양립 불가능해보이는 감정이 점점 커져만 갔다. 나는 무의식적으로 이런 감정들을 피하려고 애썼다. 자연스레 엄마를 보러 가는 횟수가 줄었다. 그리고 이를 지금까지 두고두고 후회하고 있다.

대물림되는 부당한 돌봄

동태찌개를 앞에 두고 울고 있는 내 모습에서 나는 이런 친정엄마를 발견했다. 기자로서 한창 커리어를 쌓아가며 나의 성장을 도모해야 하는 시기였지만 남편을 돌보느라 내 자신은 생각도 하지 못하고 있었다. 나 자신보다 남편을 보살피는 것을 우선으로 하는 내 모습이 친정엄마의 모습과 겹쳐졌다.

엄마는 내게 "집안일하지 말고 원하는 일을 하고 살라"고 말씀하셨지만, 당신이 몸으로 실천하신 삶은 정반대였다. 엄마에겐 자기 자신보다 식구들을 돌보는 것이 늘 우선이었다. 아마도 이는 엄마가 외할머니로부터, 외할머니 역시 그 엄마로부터 물려받은 가부장제 사회의 '여성다움'이었으리라. 그렇게 엄마는 자신의 일을 하면서도 대대로 이어진 여성다움을 물려받았다. 나 역시 그랬다. 나는 엄마가 당부한 대로 일을 하며 사회에 기여하는 삶을 살기 위해 애썼다. 하지만 동시에 엄마가 보여준 그 헌신적인 돌봄을 따라하고 있었다.

여성주의 심리학자 미리암 그린스펜은 《우리 속에 숨어 있는 힘》에서 '가부장적 사회 속 여성의 정체감은 가정과 연결되고, 남편 역시 여성에게 돌봄의 대상이 되었다'고 썼다. 미리암의 말은 당시 나에게 딱 들어맞았다. 아직 엄마가 되지도 않은 나는 '평등한 동반자'인 남편을 돌봄의 대상으로 인식하고 있었다. 내게 남편을 돌보는 일은 결혼한 여자라면 마땅히 따라야 할 '여성다움'의

전형이었다. 평생 우리는 물론 아버지를 돌봐왔고, 심지어 암 투병 중에도 아버지를 돌본 우리 엄마 역시 마찬가지였다. 내게 그토록 죄책감을 유발했던, 그래서 맞닥뜨리기 힘들었던 엄마의 모습을 내가 닮고 있다니 나는 혼란스러웠다.

여성들에게 주입되는 '당당한 사회구성원으로 살아야 한다'는 메시지와 '전통적인 여성다움을 실천해야 한다'는 메시지는 서로 상충한다. 이 모순적인 메시지를 동시에 체현해야 하는 상황은 분열을 낳는다. 나는 신혼의 단꿈에서 벗어나기도 전에 상충하는 두 메시지의 압박을 느꼈다. '분열'의 자리에서 벗어나고 싶었다. 불평등하다는 생각이 들 때마다 서러움이 밀려왔다. 하지만 방법을 몰랐다. 그저 한바탕 울고 난 뒤 다시 예전의 것들을 되풀이할 뿐이었다.

ꞌꞌ '이기적인 엄마'라는 굴레

아이가 낯가림의 절정에 있을 무렵이었다. 볼일을 보러 화장실에 갈 때도 아이를 아기 띠에 안고 들어가야 하는 생활에 지쳐가고 있었다. 유난히 아이가 보채던 날. 간신히 아이를 재우고 같은 또래의 아이를 키우고 있는 옆집 언니에게 문자를 보냈다.

'언니, 아이 자요? 전 이제 간신히 재웠어요. 이건 사는 게 아니라 완전히 버티는 거네요.'

'나도 간신히 버티는 중. 힘내자!'

매일 늦는 남편보다 독박육아의 힘겨움을 함께 겪고 있는 옆집 언니가 더 힘이 되던 날들이었다. 나는 옆집 언니의 '공감 문자'에 위안을 받고 아이가 깰세라 소리를 죽인 채 텔레비전을 틀었다. 텔레비전에선 아픈 아이를 돌보는 엄마들의 이야기가 나오고 있었다. 멍하니 텔레비전을 바라보고 있는데 한 어머니의 미소가 화면을 가득 채웠다. 순간 정신이 번쩍 들었다.

나를 깨어나게 한 다큐멘터리 속 그녀의 아이 이름은 성보였다. 성보는 혼자서 호흡할 수 없는 희귀 난치병을 가지고 태어난 아이다. 보조호흡장치에 의존해 숨을 쉬기 때문에 성보의 곁에는 호흡장치를 관리해줄 누군가가 24시간 붙어 있어야 했다. 이런 역할을 자처한 건 화면 가득 미소를 짓고 있는 그녀, 성보의 엄마였다. 성보가 태어난 후부터 성보의 엄마는 한순간도 아이 곁을 떠나지 않았고 밤에도 10번 이상 깨어나 아이를 돌봤다. 그런데 이 어머니, 웃고 있었다.

　다큐멘터리의 제목은 〈성보의 미소〉였지만 내 머릿속엔 이 어머니의 미소가 떠나지 않았다. 아픈 아이의 곁을 24시간 지키는 것. 아마도 내가 엄마가 아니었다면 엄마니까 당연히 해야 한다고 생각했을 것이다. 하지만 엄마가 되어 보니 알 수 있었다. 아무리 엄마라고 해도 다른 모든 욕구를 내려놓은 채 아이에게 온전히 헌신하는 일은 쉽지 않다는 것을 말이다.

　특별한 질병이 없는 아이와 24시간 붙어서 생활하는 것도 숨이 막힐 지경인데 저 엄마는 어떻게 웃을 수 있을까. 저 웃음 뒤의 아픔은 얼마나 클까. 나는 이런 엄마들이 웃을 수 있는 심리적 기제가 무척 궁금해졌다. 나아가 자기 자신의 삶을 살 수 없는 엄마들을 돕고 싶다는 생각이 들었다. 내가 심리학도였음이 그제야 떠올랐다. 복학해서 이런 것들을 연구해보고 싶었다. 정신이 맑게 깨어나는 듯했다. 사라졌던 내가 다시 돌아온 느낌이었다.

공부를 시작하다

대학원에 복학해 다시 공부를 시작하는 건, 나의 마음먹기에 달려 있었다. 문제는 내가 학교에 있는 동안 누가 아이를 돌보느냐 하는 것이었다. 하늘나라에 계신 친정어머니를 호출할 수도, 다른 지역에 사시는 시어머니께 부탁드릴 수도 없는 노릇이었다. 일주일에 두 번 정도만 아이를 맡기면 되기에 어린이집은 오히려 부담스러웠다. 고민 끝에 집에서 아이를 돌봐주시는 '이모님'들을 섭외해보았다. 하지만 유난히 예민한 기질을 타고난 아이는 낯선 이의 호의를 받아주는 법이 없었다. 나름 '베테랑'이라고 소문난 이모님들도 일주일을 못 버티고 그만두곤 하셨다.

그 무렵, 산모 도우미로 신생아였던 아이와 나를 돌봐주셨던 이모님이 우리가 보고 싶다며 집에 방문하신 일이 있었다. 아이는 신기하게도 이분에게는 낯가림을 하지 않았다. 태어난 직후 두 달간 함께 했던 이모님의 느낌을 기억하는 듯했다. 이모님은 우리 부부의 간절한 부탁을 들어주셨고 일주일에 두 번, 내가 학교에서 수업을 듣는 동안 아이를 봐주시기로 했다(이모님은 전문 산모 도우미 업체 소속이어서 베이비시터로는 일하지 않으셨다. 나중에 알게 된 사실이지만 남편이 이모님께 전화해 아내가 학위를 마칠 수 있게 도와달라고 읍소를 했고, 이모님은 이에 감동하여 1년간 업체에 양해를 구하고 우리 집에 오신 것이었다). 나는 그렇게 출산한 지 1년 만에 복학을 했다.

다시 시작한 공부는 정말 재밌었다. 수업 시간 자체가 즐거웠고

심지어 예전엔 그토록 긴장되던 발표수업도 힘들이지 않고 해냈다. '아이도 낳아 키우고 있는데 이까짓 공부쯤이야.' 이런 생각이 절로 들었다. 무엇보다 좋았던 것은 학교에 있을 때 '엄마'가 아닌 '나 자신'으로 지낼 수 있다는 점이었다. 마이라 스트로버가 《뒤에 올 여성들에게》에서 적었듯, 나는 '엄마의 삶에서 떨어진 어른의 삶이 있다는 게 큰 행운이라고 생각했다'.

물론 공부할 시간은 늘 부족했고, 육아와 대학원 공부를 병행하는 것은 체력적으로 버거웠다. 시간을 최대한 효율적으로 써야 했다. 엄마가 되기 전에는 수업을 듣고 학교 도서관에서 편안하게 공부했지만, 이제는 수업이 끝나는 대로 부리나케 집으로 돌아와 이모님과 배턴터치를 해야 했다. 경제적 문제도 신경 써야 했기 때문에 이모님께 아이를 맡길 수 있는 시간은 내가 학교에서 수업을 듣는 딱 그 시간뿐이었다. 수업을 듣는 것 외에 해야 할 각종 과제와 독서, 공부 등은 아이를 돌보면서 해내야만 했다.

나는 아이가 자는 동안 논문과 두꺼운 원서의 내용을 작은 메모지에 요약해 옮겨 적었다. 이 메모지를 눈에 잘 보이게 집 안 여기저기 붙여 두었다. 아이를 돌보면서 벽에 붙여 놓은 메모지들을 보면서 암기하고 공부할 내용을 머릿속으로 옮겼다. 유모차 뒤에도 공부할 것을 메모해 붙여 두었다. 과제나 논문 정리 등 컴퓨터를 활용해야 하는 일은 아이가 깊이 잠든 새벽에 일어나서 했다.

아이는 유모차에서 종종 낮잠을 잤는데, 등 센서가 민감했던지라 집에 데리고 들어가 눕히면 바로 잠에서 깨어나 잠투정을 부렸다. 그래서 나는 유모차를 밀고 동네 한 바퀴를 돌다가 아이가 잠들면 아파트 벤치에 앉아서 공부를 하곤 했다. 아이가 깰까 봐 발로는 유모차를 밀고 눈과 머리는 책에 집중했다. 도무지 어울리지 않는 두 가지 일을 한 몸으로 하고 있었다니 지금 생각하면 웃음이 나기도 한다. 햇살이 따사로운 날, 아이를 재우면서 벤치에서 공부하던 그 시간은 내게 무척 행복했던 기억으로 남아 있다. 몸은 늘 피곤했지만 내가 살아있다는 느낌이 참 좋았다.

착한 엄마 증후군

하지만 이런 행복감 속에서도 마음 한편엔 늘 묵직한 불편함이 자리 잡고 있었다. 바로 심리학자이자 여성학자인 캐럴 길리건이 말한 '이기적인 여자'라는 걱정이었다. 길리건은 기존의 심리발달 이론이 남성 중심적임을 지적하며, 여성의 심리발달도 같은 비중으로 다루어야 한다고 주장한 학자다. 특히 그녀는 '정의'와 '합리성'과 같은 소위 남성적 도덕성만 강조하는 콜버그의 도덕성발달 이론에 반기를 들고, 여성적 도덕성인 '관계성'과 '보살핌'의 가치도 도덕성의 기준이 되어야 한다고 강조했다.

또한 그녀는 남성과 여성, 정의와 보살핌으로 모든 것을 이분화하는 가부장제 사회에서 여성은 보살핌을 제공해야 한다는 압박에 시달린다고 지적했다. 나아가 '착한 여성'은 자신보다 타인을 배려하고 남을 보살핀다는 편견 때문에 여성은 자기를 위한 선택을 할 때 늘 '이기적'일까 봐 걱정하게 된다고 주장했다.

당시 내 상태가 딱 이랬다. 엄마가 아이를 맡기면서까지 공부하는 건 너무 '이기적'인 게 아닐까 마음이 무거웠다. 내가 충분한 보살핌을 제공하지 못해 남편과 아이가 불편한 건 아닌지 걱정됐다. 나는 학비까지 남편에게 의존하고 있었다. 엄마가 되기 전에는 조교 생활을 하며 학비를 해결했지만, 엄마가 된 후에는 수업을 마친 후 바로 아이에게 돌아가야 했기 때문에 학비를 버는 건 불가능했다. 나 자신이 정말 '이기적'인 존재가 된 것 같았다. 이런 마음은 공부와 육아를 병행하느라 바쁜 와중에도 과도하게 남편을 챙기고 시댁에 잘하려고 하는 '착한 아내', '착한 며느리' 증후군으로 나타났다. 나는 스스로를 압박하고 있었다.

당시에 나는 이런 고민은 대학원에 다니는 엄마라는 나의 특수한 상황에서 비롯된 혼자만의 것이라 생각했다. 하지만 대학원을 졸업한 후 나는 곧 알 수 있었다. '이기적이라는 걱정'은 엄마가 된 많은 여성들이 공통으로 경험하는 것임을 말이다. 상담 현장에서 내가 만난 많은 '엄마' 내담자들은 내게 이렇게 물었다.

"대학원에 진학하고 싶은데 그러면 제가 바빠지겠죠? 나 때문에 식구들이 불편해지면 어쩌죠?"

"저는 아이도 중요하지만 제 꿈을 결코 포기하고 싶지 않아요. 제가 너무 이기적인 건 아닐까요?"

"집에 있는 게 답답하기도 하고 자꾸 도태되는 거 같아서 저도 일하고 싶어요. 그런데 저 하나 집에 있으면 다른 식구 셋이 다 편한데 제가 일하기 시작하면 세 명이 다 불편해지잖아요. 셋뿐이 아니죠. 친정엄마나 시어머니까지 나서서 도와줘야 하고 그러면 친정아빠랑 시아버지도 혼자 계셔야 하고. 아휴. 제가 커리어를 이어가려면 진짜 여러 사람 고생해야 하잖아요. 그런데도 일을 시작하는 게 의미가 있을까요?"

"제가 번다면 얼마나 벌겠어요. 벌어봤자 도우미 이모님 비용으로 다 나갈 텐데. 저 하나 하고 싶은 일 한다고 경제적으로 손해를 끼칠 순 없잖아요."

이런 질문들은 자신을 찾아 나서길 갈망하는 여성들이 던지는 단골 질문이다. 엄마로 살아가는 많은 여성들은 일이나 공부를 통해 자기 자신의 꿈을 실천해가는 것이 다른 가족들을 불편하게 할까 봐 전전긍긍했다. 길리건의 말은 정말 사실이었다. 가부장 사회에서 여성에게 부여된 돌봄과 희생의 가치는 여성의 내면에 이토록 깊이 새겨져 불필요한 심리적 갈등을 불러일으킨다. 결혼한 여성의 상당수는 '자신이 원하는 것을 찾고 싶은 마음'과 '이기적인 여성이 될 것 같은 두려움'이라는 상반되는 감정들을 겪으면서 분열된 채 살아가고 있었다.

아내의 미래에 투자한다는 것

얼마 전에 읽은《아내 가뭄》의 저자 애너벨 크랩은 호주의 가부장 문화를 비판하면서 다음과 같은 주장을 펼쳤다.

'미래를 위해 빚을 내 주택을 구입하고 주식에도 투자하면서 왜 아내의 미래에는 투자하지 않는가. 육아와 일의 갈림길에서 여성이 커리어를 포기하는 건 미래에 들어올 수입을 포기하는 것이며, 일함으로써 얻게 될 인간관계와 한 사람의 성장 가능성을 포기하는 것이다. 그러니 당장 육아에 드는 비용 때문에 아내가 꿈을 포기하는 것은 가정 경제에도 손해가 아닌가?'

여전히 '이기심의 망령'으로부터 완전히 자유롭지 못한 내게, 그리고 같은 고민을 하고 있는 많은 여성들에게 꼭 필요한 말이 아닌가 싶다. 엄마가 된 한 여성의 희생과 헌신으로 다른 가족 구성원이 편안한 삶을 누리는 것은 그 여성의 성장 가능성을 짓밟는 일이 된다. 한 사람이 자신의 잠재력을 개발하는 일은 자기 자신의 성취는 물론, 가정과 사회에 발전을 가져오는 것이다. 이것이 어찌 이기적인 일이 될 수 있겠는가. 오히려 여성의 희생을 당연시하고 이에 기대어 기본적인 자기돌봄조차 수행하지 않은 채 자신의 성취와 안락함만 추구하는 게 더 이기적인 것 아닐까?

어쨌든 나는 '이기심의 망령'에 시달리면서도 학업을 이어갔다. 〈성보의 미소〉를 보면서 다짐했던 대로 소아암 환아의 어머니들을 만나 이야기 나누며 그들을 웃게 하는 심리적 기제에 대해 연구했다. 연구 결과, 스스로 찾아낸 삶의 의미가 난치병에 걸린 아이를 돌봐야 하는 극한 상황에서도 어머니들에게 살아가는 힘이 되어 준다는 사실을 발견했다. 나는 이 연구로 석사학위를 받았다.

엄마가 아니었으면 생각할 수도 없는 논문 주제였다. 내가 엄마였기에 이 어머니들의 마음에 더욱 공감할 수 있었다. 논문은 꽤 좋은 평가를 받았고, 나는 처음으로 엄마인 나와 심리학도인 내가 하나가 된 듯한 느낌을 받았다. 결혼 후 분열되었던 자아가 실로 오랜만에 통합감을 맛본 순간이었다.

3인분의 삶과 죄책감

  아이가 어린이집에서 유치원, 그리고 초등학교로 자기 삶의 영역을 넓혀가면서 나 역시 일의 영역을 조금씩 넓혀갔다. 두 군데의 상담센터에서 파트타임 상담사로 일하며 경력을 쌓았고, 청소년 상담사 자격증도 따냈다. 아이가 학교에 완전히 적응하자 오랫동안 묻어두었던 박사과정에 진학하고 싶은 마음이 다시 올라왔다. 학교가 주는 소속감이 그리웠고 상담사로서 전문성을 더욱 키워가고 싶었다. 나는 남편과 이 문제를 상의했다. 남편은 너무나 흔쾌히 "그럼, 한 분야에 발을 디뎠으면 끝까지 해봐야지. 나는 항상 네 편이야. 네가 공부하는 건 우리의 미래를 위한 투자이기도 하지. 열심히 해보자고!"라고 말해주었다. 나는 남편의 적극적인 협조가 있을 것이라 기대하며 박사과정 입학시험을 치렀다.

  다행히 별다른 문제 없이 석사학위를 받았던 그 학교에서 박사과정을 이어가게 됐다. 합격 소식은 기뻤지만 머릿속이 복잡해져왔다. 서울에 살았던 석사 때와 달리, 대구에 사는 지금은 학위 과정을 위해 매주 대구와 서울을 왕복해야만 했다. 새벽 6시 기차를 타고 학교에 가야 했으며, 수업을 마치고 바로 집에 돌아와도 밤 9시는 너끈히 될 예정이었다. 아침엔 남편이 아이의 등교를 돕고 출근할 수 있지만 아이가 하교한 다음이 문제였다. 나는 남편이 일주일에 하루라도 일찍 귀가해서 아이를 돌봐주겠다고 약속해주길 바랐다. 하지만 남편은 "회식이 있거나 야근하는 날엔 나도 어쩔 수 없다"라는 소극적인 답변만 할 뿐이었다.

　나는 고민 끝에, 대학원 수업이 있는 날에는 아이의 방과후 스케줄을 모두 학원으로 채워 놓았다. 남편이나 내가 귀가하면서 픽업할 때까지 아이가 학원에 머무르는 게 집에 홀로 있는 것보다 더 안전하다는 판단에서였다. 내게 한국의 막강한 사교육 시스템은 아이의 공부보다 나의 공부를 위한 보조 장치로 활용됐다. 어쨌든 초등학교 2학년 학생도 밤늦은 시간까지 학원에 머무를 수 있는 사교육 시스템에 아이를 맡기고 나는 공부를 시작했다. 아이에게 미안한 마음을 가득 안고서 말이다. 물론 아이의 방과후 시간을 계획하고 책임지는 건 오롯이 나의 몫이었다. 남편은 나에 대한 신뢰감 때문인지 아이의 방과후 스케줄엔 관심이 없었다. 내가 집을 비우는 날마다 남편에게 매번 그날 아이의 스케줄을 알려주어야만 남편이 아이를 돌보는 것이 가능했다.

　하지만 복병은 곳곳에서 터져 나왔다. 어렸던 아이는 감기를 달고 살았고 학교에서 간신히 버틴 후 학원 대신 병원에 가야 할 일이 종종 생겼다. 이런 일이 있을 때마다 연락받는 사람은 KTX로 두 시간 거리인 서울에 있던 나였다. 집에서 차로 20분 거리의 직장에 있던 남편에게 먼저 연락을 취하는 학교 선생님이나 학원 선생님은 없었다. 남편은 특별한 일이 없을 땐 나보다 일찍 퇴근해 아이를 픽업해주었다. 하지만 남편이 아이를 보기로 약속했던 날이라도 갑작스러운 회식이나 약속이 생겼을 때 남편은 '나 오늘 회식'이라는 짧은 문자 한 통으로 모든 걸 해결했다. 결국 아이와 관련된 일의 뒷수습은 언제나 나의 몫으로 돌아왔다.

이럴 때마다 난 교수님께 "죄송합니다"라는 말을 반복하면서 강의실에서 일찍 빠져나왔다. 혹은 같은 아파트의 이웃이나 아이 친구의 엄마에게 전화를 걸어 우리 아이 좀 데리고 있어달라고 읍소하듯 부탁하면서 또 미안해했다. 엄마가 자신의 꿈을 위해 무언가를 하는 일은 여기저기에 대단히 '미안한' 일이었다.

다중역할 엄마의 하루

나는 가정 밖 세상에서 내 자리를 넓혀가는 것이 좋았고, 이를 결코 포기하고 싶지 않았다. 하지만 바깥에서 할 일이 많아져도 집에서 감당해야 하는 나의 몫은 전혀 줄지 않았다. 남편은 마음으로 늘 나의 꿈을 지지해주었지만, 자신의 스케줄을 조정하거나 하는 실질적인 행동으로 함께하지는 않았다. 나는 엄마, 아내, 상담사,

대학원생이라는 1인 4역을 맡고 있었고 가정에서는 3인분의 일상을 홀로 책임졌다. 그 무렵, 새벽 기차를 타고 대학원에 가는 날을 제외한 나의 일상은 대체로 이렇게 돌아갔다.

　새벽 5시. 식구들이 깨지 않게 슬그머니 침대를 빠져나온다. 쌀을 불려 놓고 찬물로 세수해서 남아 있는 잠기운을 쫓아버린다. 따뜻한 커피 한 잔을 들고 책상 앞에 앉아 대학원생 모드를 가동한다. 오롯이 공부에만 집중할 수 있는 유일한 시간인 이 새벽이 내겐 무척 소중하다. 오전 6시 50분. 알람이 울린다. 공부를 중단하고 식구들의 아침을 준비해야 할 때다. 우선 불린 쌀을 씻어 밥통에 넣고 취사 버튼을 누른다. 밥이 되는 동안, 얼른 외출복으로 갈아입고 화장을 해서 출근 준비를 마친다.

　이제 식구들을 깨울 차례다. "다들 일어나세요! 아침이야, 아침!" 불을 켜고 창문을 연 후, 내가 하는 일은 남편 옷을 꺼내 두는 것이다. 와이셔츠, 재킷, 바지를 골라서 가지런히 걸어 놓는다. '자기 옷도 못 챙겨 입나?' 한숨이 나곤 하지만 "셔츠 다린 거 없어?"라는 남편의 짜증 섞인 물음이 들려오는 것보다는 낫다. 남편과 아들을 깨우는 사이사이 주방을 오가며 가스불에 올려 둔 국의 상태를 확인하는 것도 잊지 않는다. 아이의 시간표를 확인해 아이 옷도 꺼내 놓는다. "7시 20분이야! 10분 후에 밥 먹는다!" 아직도 이불 속에 있는 두 남자를 다시 깨우고 주방으로 가서 식탁을 차린다. 남편과 아들은 그제야 세수를 하고 나와 식탁에 앉아 밥을 먹는다. 그러곤 숟가락만 내려놓고 서둘러 집을 나선다.

시계를 보니 7시 55분. 8시 5분엔 나 역시 차에 시동을 걸어야 한다. 먹던 음식을 대충 정리해 설거지통에 넣고 집을 나선다. 차에 시동을 걸자 안도감이 밀려온다. 휴, 오늘도 출근 성공이다. 일터에서는 상담사라는 1인분의 역할만 하면 되기에 오히려 평화롭다. 다시 퇴근. 집에 도착하면 아침부터 쌓인 설거지를 하고, 아이의 준비물을 함께 챙기고, 저녁 준비를 하고, 밀린 빨래를 하고, 청소기를 돌린다. 가끔 남편이 식사도 못 하고 늦게 퇴근하면 저녁 식사를 두 번 차리기도 한다. 밤 10시쯤에야 소파에 앉을 짬이 난다.

죄책감을 부추기는 반응들

이렇게 종종거리며 지내는 내게 시가 식구들은 "네가 하고 싶어서 한다지만 너무 힘들게 일하진 말아라", "아비도 바쁜데 너까지 바쁘고 힘들어서 어째"하며 나를 걱정해주는 건지 아닌지 모를 충고들을 건네 왔다. 이웃들 역시 한 마디씩 거들었다. "자기 진짜 대단하다." "편히 살지를 못해." "왜 사서 고생하고 그래?"

그중 내가 가장 견디기 힘든 말은 이거였다.

"엄마가 둘째를 낳아야지. 혼자 크면 나중에 외로워. 아이를 먼저 생각해야지. 지금 공부가 중요한 게 아니야. 더 늦기 전에 둘째부터 만들어."

나는 이런 말을 친척은 물론, 동네 할머니들, 놀이터에서 우연히 만난 이웃들, 심지어 택시기사님께도 들어야 했다. 나는 "저희도 저희 인생 살아야죠"라고 웃으며 넘겼지만 둘째도 안 낳는 '이기적인 부모'라는 비난이 등 뒤에서 들리는 것만 같았다. 가뜩이나 아이를 학원에 맡기면서 공부하는 상황에 늘 죄책감이 느껴지던 터였다. 이런 내게 "둘째도 안 낳고 박사과정까지 시작한 엄마"라는 말은 비수가 되어 꽂혔다.

사실 나는 임신이 두려웠다. 이제야 날 위한 시간을 낼 수 있게 됐는데 둘째가 생기면 내 삶을 만들어가기가 너무 힘들 것 같았다. 아이와 함께 집 안에서만 머물던 시간을 또다시 보내고 싶지는 않았다. 이런 마음이 컸기에 둘째를 언급하는 말은 자꾸만 내게 죄책감을 유발했다. 비슷한 시기에 첫 아이를 출산한 내 친구들 역시 이런 고민을 했고, 그중 몇 명은 둘째를 낳았다. 이들은 한결같이 "둘째를 낳고 나니, 이제야 인생의 숙제를 끝낸 것 같아"라고 말했다. 하지만 둘째를 낳은 친구 중 절반은 자기 일을 그만두고야 말았다.

아이가 12살이 된 지금도 나는 종종 "왜 둘째를 안 낳느냐"는 질문을 받는다. 그때마다 마음속으로 이렇게 반박한다. 아이를 낳는 것은 지극히 사적인 가족의 일이며 외부에서 '이래라저래라' 할 것이 아니라고. 동생을 만들어 주는 것이 엄마의 의무인 법은 없다고. 엄마도 자신의 삶을 선택할 권리가 있다고 말이다.

진정으로 나를 힘들게 한 것

가만히 생각해보면 나를 힘들게 한 건 1인 4역의 '다중역할' 자체가 아니었다. 사실 심리학적으로 보았을 때 다중역할은 여러 가지 긍정적인 영향을 준다. 다중역할은 한 사람의 자아 범주를 넓혀 주어 삶을 더 풍부하게 살아갈 수 있도록 안내한다. 또한 한 역할에서 실패나 좌절을 겪을 때, 잘 기능하고 있는 다른 역할은 '완충지대'가 되어 준다. 한 영역에서 어려움을 겪더라도 다른 영역에서 경험하는 기쁨으로 쉽게 무너지지 않고 삶의 균형을 맞추어 가게 되는 것이다.

이는 '일'과 '양육'에서도 마찬가지였다. 직업인의 역할과 엄마인 나의 역할은 완전히 다른 차원의 것이었다.《빨래하는 페미니즘》의 저자 스테퍼니 스탈이 적었듯, 둘은 서로 다른 욕구에 부응하는 것이고 어느 한쪽의 욕구는 다른 한쪽의 욕구를 대신해줄 수 없다. 나는 일에서 오는 성취와 보람, 사회에 기여하고 있다는 느낌도 좋았지만 아이를 통해서도 커다란 기쁨을 느꼈다. 일에서 좌절을 경험할 때 아이의 존재는 힘이 되었고, 반대로 아이 때문에 속이 쓰릴 때 일에서 느끼는 성취감은 내가 좀 더 여유를 갖고 상황을 바라볼 수 있게 해주었다. 다중역할의 고단함 속에서도 깨달은 건, 일과 양육은 서로 충돌하지 않는다는 것이었다.

진정으로 나를 힘들게 한 건 자신이 가지고 있는 다양한 층위의 욕구를 충족하고자 하는 여성을 '엄마나 아내의 역할'에만 가두려는 사회적 시선이었다. 이런 시선은 내 안에 뿌리 깊이 박혀 있는 가부장적 사고의 잔재를 자꾸만 자극했다. 이는 일과 공부에서 기쁨을 찾으려는 내 마음에 끊임없이 죄책감을 불러일으켰다.

　죄책감은 결국 나를 3인분의 삶으로 이끌었다. 나는 식구들의 식사와 옷가지를 챙기고 집안을 청결히 하는 데 빈틈을 보이지 않으려 했다. 사회적 자아를 키워가면서도 가부장 사회에서 말하는 '좋은 엄마', '좋은 아내'의 이미지를 포기하고 싶지 않았다. 하지만 가족 구성원이 함께 꾸려가고 스스로 돌봐야 할 부분까지 대신해주는 '3인분의 돌봄'을 계속할수록 내 안에는 억울함과 짜증이 쌓여갔다. 남편과 아이는 스스로 돌보는 능력을 점점 더 상실해갔다. 가족의 이런 모습이 건강하지 않다고 느꼈지만 그럴수록 나는 내가 더 열심히 해야 한다고 다그칠 뿐이었다.

⫯ "너도 나만큼 벌어보든지!"

박사과정 첫 학기를 마쳐갈 무렵이었다. 갑작스레 남편의 캐나다 연수가 결정됐다. 남편의 직장에서는 일정 기간 근무한 사람에게 해외 연수 기회를 주었는데 남편 차례가 돌아온 것이었다. 당시 나는 공부에 재미를 느꼈고 소논문 하나를 얼른 써내기 위해 자료 조사에 매진하고 있었다. 상담사의 일에도 보람을 느끼고 있었다. 하지만 남편의 연수가 결정되자 이런 마음을 스스로 자제하기 시작했다.

대신 캐나다에 가야 하는 이유를 자꾸만 만들어냈다. 당시 초등학교 3학년이었던 아이가 영어 배우기에 최적인 시기라는 점, 남편의 경력에서도 매우 중요한 시기라는 점, 사춘기가 오기 전에 아이와 많은 시간을 보내며 여행할 수 있다는 점 등 여러 가지 좋은 것들이 떠올랐다. 가족들의 중요한 시기에 함께 가서 뒷바라지하는 게 아내와 엄마로서 마땅히 해야 할 일처럼 느껴졌다. 내 커리어를 위해 한국에 남는 건 상상조차 하지 않았다. 학위 과정쯤이야 잠시 휴학하면 되고 일자리도 돌아와서 다시 구하면 될 일이었다. 남편의 커리어가 우선이라는 전제를 나는 당연한 듯 받아들였다. 내 욕구를 무시한 채 남편의 직업 때문에 대구로 이사한 날의 과오를 까맣게 잊고 있었다.

대수롭지 않은 남편의 한 마디

해외로 이사하는 일은 여간 번거로운 게 아니었다. 비자는 물론, 아이의 취학과 남편의 취업을 위한 각종 서류, 반려견의 동반 출국 서류까지 서류 준비만 해도 몇 달이 걸렸다. 그사이 살던 집을 내놓고 이삿짐을 싸느라 정신없이 시간이 흘러갔다. 이런 준비를 하느라 나는 봄학기 대학원에서는 간신히 수업만 듣고 있었고, 파트타임으로 일하던 상담사 자리도 조금씩 줄여갔다.

남편 역시 하던 업무를 마무리하고, 캐나다의 새 일터에서 요구하는 서류들을 준비하느라 바빴다. 하지만 그는 직장동료 및 친구들과 인사를 나누며 사회적 관계를 가꾸는 데도 많은 시간을 들였다. 나도 그러고 싶었다. 한동안 못 만날 동료들, 친구들과 인사를 나누고 싶었다. 하지만 출국 날짜가 다가올수록 남편은 더 많은 모임을 했고 거의 매일 밤, 술에 취해 들어왔다. 이런 상황에서 초등학교 3학년 아이를 놔두고 내가 친구들이나 지인들을 만나는 것은 거의 불가능했다.

출국을 3주 정도 앞둔 어느 날. 역시 밤늦도록 동료와 술자리를 가지고 귀가한 남편에게 나는 슬쩍 한마디를 건넸다.

"나도 약속 좀 잡자. 매번 당신이 일방적으로 약속을 잡으니까 나는 누굴 만날 수가 없잖아. 나도 사람들하고 인사하고 가고 싶어. 내게도 사회생활이 있고 사회적 관계가 있다고. 약속 잡기 전에 나랑 스케줄 조율부터 하면 안 돼?"

그러자 술기운에 취한 남편은 대수롭지 않다는 듯 이렇게 말했다.

"너도 나만큼 벌어보든지."

이 말을 듣는 순간 나는 남편이 다른 사람으로 느껴졌다. 내 일과 공부를 지지해주는 동반자라고 여겼던 그의 속마음이 이랬다니 믿기지 않았다. 동시에 분노가 치솟았다. 수입이 적다는 이유로 내 일을 깎아내리는 것에 화가 났고, 그동안 내가 제공한 가사노동과 돌봄의 가치를 알아주지 않는 것에 배신감을 느꼈다. 그런데 이상했다. 화는 나는데 반박할 말이 없었다. 내가 남편보다 돈을 못 버는 것은 분명했고, 심지어 나는 돈을 쓰며 대학원까지 다니고 있었다. 남편이 앞세우는 경제 논리 앞에 나는 분노조차 제대로 표현할 수 없었다. 억울했지만 내가 할 수 있는 말은 없었다.

왜 나는 아무 말도 못 했을까

그날 밤 나는 거의 뜬눈으로 밤을 새웠다. 다음 날, 속상한 마음을 털어놓고 싶어 절친한 친구 한 명에게 전화를 했다. 아이가 셋인 그 친구는 셋째 아이가 생기자 일과 공부를 모두 그만두고 육아에만 매진하고 있었다. 전화를 하자 친구가 먼저 말을 꺼냈다.

"나 너무 억울해. 오늘은 남편이 회사에 안 가는 날인데도 독박 육아야. 또 골프 간 거 있지? 정말 화나는데 이상하게 아무 말도 못 하겠어. 남편만 돈을 벌어서 그런지. 돈 벌어서 우리 이만큼 살게 해주고 자기가 번 돈으로 골프 가는데 그것도 못 하게 하면 안 되는 거 아닌가 이런 생각이 자꾸 드는 거 있지?"

그 친구도 나와 똑같은 것을 느끼고 있었다. 그날 친구와 나는 서로의 억울함에 공감하며 많은 대화를 나누었다. 그리고 깨달았다. 남편이 내게 던진 말은 단지 남편만의 생각이 아니라 우리 사회의 밑바탕에 깔린 전제임을 말이다.

급속한 경제 발전을 이뤄온 한국 사회는 여전히 돌봄보다 경쟁, 생명 존중보다 성취가 중요한 사회다. 어린 시절부터 경쟁과 성취 지향적 사고를 주입 받아온 우리는 흔히 일과 사람의 가치를 '돈을 얼마만큼 버는지'로 따지는 데 매우 익숙해져 있다. 그래서 남편은 경제적 능력이 우월한 자신이 나보다 더 많은 자유와 권리를 누리는 게 당연하다고 여겼을 것이다. 내 친구의 남편 역시 '돈을 벌기 때문에' 아이 셋과 고군분투하는 아내를 내버려 둔 채 아무런 거리낌 없이 취미 생활을 즐겼을 것이다.

나와 내 친구도 이런 경쟁과 성취 지향적 사고에서 벗어나지 못한 건 마찬가지였다. 억울하고 분하지만 아무런 저항도 할 수 없었던 건 우리 역시 이런 논리에 길들어져 있음을 의미했다. 남편이 경제적 몫을 대부분 담당한다는 이유로 스스로 이런 대접을 받아도 어쩔 수 없다고 느끼고 있었다.

폄하된 돌봄의 가치

나는 참으로 궁금했다. 어쩌다 우리가 모든 것을 돈의 논리로만 생각하게 된 건지, 왜 돌봄이 이토록 가치 없는 것으로 취급받게 됐는지 말이다. 사실 이 질문에는 아직도 만족스러운 답을 찾아내지 못했다. 하지만 최근 읽은 책들에서 그 실마리를 조금은 풀어낼 수 있었다.

《잠깐 애덤 스미스 씨, 저녁은 누가 차려줬어요?》에서 카트리네 마르살은 시장경제 체제의 근간을 만든 애덤 스미스가 치명적인 실수를 저질렀다고 이야기한다. 애덤 스미스는 저녁 식탁이 차려질 때까지의 과정을 예로 들어 시장경제의 개념을 이야기한다. 그는 재료 생산부터 판매까지 상인들이 각자의 이득을 추구했기 때문에 저녁 식사를 할 수 있는 것이라고 했다. 하지만 카트리네 마르살은 그가 여기서 중요한 것을 빠트렸다고 지적한다. 상인들이 일하러 갈 수 있도록 그들을 돌보고, 그들의 아이를 돌본 사람의 노고, 그리고 저녁 밥상을 차려주는 어머니의 수고는 완전히 배제되어 있다고 말이다.

정말 그랬다. 일하고 돈을 벌어오려면, 그를 돌보고 그가 일에 집중할 수 있도록 아이들을 양육하는 누군가의 보살핌이 필요하다. 남편이 경제적 능력을 갖출 수 있었던 건 내가 일과 공부를 병행하면서도 가정에서 전적으로 돌보는 자의 역할을 했기 때문이다. 내 친구의 남편이 돈을 벌 수 있던 것도 내 친구가 자신의 삶을 양보하고 아이 셋과 살림을 책임지고 있기에 가능했다. 우리의 돌봄이 없었다면 남편들이 지금과 같은 경제적 능력을 갖추지 못했음이 분명했다. 그런데도 시장경제의 시작부터 외면 받아왔던 돌봄의 가치는 여전히 무시되고 있었다.

오랫동안 세상을 지배해온 가부장적 규칙들은 여성에게 '돌봄'의 역할을 부여했다. 따라서 많은 여성들은 돌봄을 잘 수행할 때 여성으로서 가치 있는 삶을 살 수 있으리라 믿어왔다. 나 역시 그랬다. 사회적 정체감을 그토록 소중히 여기면서도 결혼과 동시에 자발적으로 돌봄을 잘 수행해 '좋은 아내', '좋은 엄마'가 되려는 노력을 부단히 해왔다. 하지만 역설적이게도 이 돌봄의 가치는 무시된다. 자본주의 사회에서 '무급노동'으로 규정된 돌봄노동은 돈이되지 않는다는 이유로 폄하된다. 많은 여성들은 '잘 돌볼 때 가치있는 여성이 된다'라는 메시지와 '돌봄은 가치 없는 것'이라는 상반된 메시지에 구속당한 채 살아간다. 이는 이중구속이며 동시에 분열을 유발한다.

만일 돌봄의 가치가 제대로 평가됐다면 어땠을까. 사회 유지의 근간이 되는 생명을 키워내고 보살피는 돌봄의 가치는 재화를 벌어들이는 다른 노동의 가치에 비할 바가 아니다. 진작에 돌봄의 가치를 알아채고 높이 평가해줬다면, 돌봄이 여성의 몫으로만 남겨지지도, 여성의 사회적 혹은 경제적 지위가 낮아지지도 않았을 것이다. 높은 가치를 창출하는 돌봄에 남성도 서로 가담하려 하고, 자연스러운 가사 분담이 이루어졌을 것이다. 당연히 성별화에 따른 역할 규정도 약하고 이에 따른 차별 역시 없었을 것이다. 이 때문에 《슈퍼우먼은 없다》의 저자 앤 마리 슬로터는 돌봄의 가치를 제대로 인정해주는 것이 진정한 평등으로 가는 길이라고 주장한다.

　남편은 그다음 날 아침에 곧바로 사과했다. 그는 "술에 취해 아무 생각 없이 한 말"이라고 했지만 나는 그게 더 문제라고 생각했다. 취중 진담이라는 말도 있듯 술김에 나온 말은 무의식 속의 진실을 담고 있는 법이다. 남편의 의식은 '이건 아내를 무시하는 잘못된 태도야'라고 말하고 있었겠지만, 무의식 속에 깊게 배인 가부장적 사고방식은 쉽게 변하지 않을 터였다. 내가 느끼는 남편과의 심리적 거리는 우리가 서로를 잘 모르던 때보다도 더 멀어져 있었다.

3장

깨달음

시야를 넓히면 보이는 것

❜ 세상에 당연한 것은 없다

　내가 태어나서 자란 곳을 떠나 완전히 새로운 곳에서 사는 경험은 익숙해진 삶의 방식들을 돌아보게 한다.

　화창한 여름날, 우리 가족은 캐나다 밴쿠버에 도착했다. 밴쿠버 공항의 출입문을 나서자마자 우리를 맞이한 건 믿을 수 없을 만큼 파랗고 깨끗한 하늘, 그리고 시원한 바람이었다. 선명한 파란 하늘 아래 눈 덮인 산, 그리고 그 아래로 펼쳐지는 도시의 스카이라인과 바다, 떼 지어 날아오르는 캐나다거위 무리. 비현실적으로 아름답고 맑은 풍경이었다.

　여행이라면 이 비현실적인 느낌을 실컷 즐겼을 것 같다. 하지만 우리 가족은 이곳에서 1년 반이라는 시간 동안 일상을 살아내야 했다. 렌트한 작은 아파트에 살림살이들을 채워 넣어야 했고, 은행 계좌를 만들어야 했으며, 운전면허나 건강보험 등 여행이 아닌 일상의 삶을 준비해야 했다. 우리는 잔뜩 긴장했다. 이런 가운데 아이는 학교에 다녀야 했고 남편은 직장에 다녀야 했다. 아마 남편과 아이는 낯선 곳에서도 사회인과 학생이라는 정체감을 이어가야 하는 게 두려웠을 것이다.

나의 두려움은 이와는 정반대였다. 내가 받은 비자는 남편과 아이가 발급받은 비자와 성격부터가 달랐다. 남편은 캐나다에 일하러 왔다는 의미의 '워킹 비자', 아이는 학생의 신분을 보장해주는 '학생 비자'를 받았지만, 내게 주어진 비자의 이름은 '동반 비자'였다. '동반 비자'는 유학하거나 일하러 온 다른 가족과 함께 온, 그러니까 그들을 뒷바라지하러 온 사람을 위한 비자다. 나의 비자 아래쪽에는 작은 글씨로 나와 동반해준 사람 그러니까 남편과 아이와 함께 다니지 않으면 캐나다 입출국에 제한이 있을 수도 있다고 적혀 있었다.

비자는 캐나다에서 나의 위치를 명확히 보여주고 있었다. 이곳에서 나는 남편과 아이에게 딸린 '부수적 존재', 이들을 돌보기 위해 존재하는 사람이었다. 일과 공부에서 삶의 생기를 느껴온 내게 또다시 주부, 아내, 엄마로만 살아야 한다는 것은 두려운 일이었다. 한국의 친구들은 외국 생활을 경험하는 나를 부러워했지만 내게 밴쿠버로의 이사는 대구로 이사한 때를 상기시켰다. 게다가 남편과의 정서적 거리도 그 어느 때보다 멀어진 상태였다. 나는 결혼 후 나 자신을 잃고 힘들어했던 때로 다시 돌아가게 될까 봐 겁이 났다.

'하인'같은 존재, 며느리

두려움을 이겨내는 방법 중에 하나는 무언가를 실천하는 것이다. 밴쿠버에서 일상을 영위할 조건이 갖춰지자마자 나는 어학원에 등록했다. 워킹 비자가 없어 일하는 것도 불가능하고 학생 비자가 없어 공적인 교육기관에도 다닐 수 없었던 내가 아내와 엄마의 자리에서 벗어날 수 있는 유일한 방법은 사설 어학원에서 공부하는 것뿐이었다.

영어를 처음 접한 중학교 1학년 때부터 대학 졸업 때까지 내게 영어는 '마지못해' 하는 공부일 뿐이었다. 그런데 이번엔 달랐다. 엄마나 아내가 아닌 나로 있을 수 있는 유일한 시간이라 그랬는지 모르겠지만 영어 공부가 너무나 재미있었다. 특히 원어민 강사와 일대일로 1시간 동안 대화를 나누는 시간이 무척 즐거웠다. 나는 이 수업을 통해 영어뿐 아니라 캐나다인의 일상에 담긴 문화와 사고도 하나하나 배워갔다.

어느 날 나는 일대일 영어회화 강사에게 한국의 결혼 문화를 설명한 적이 있었다. 한국 드라마를 종종 본다는 강사는 드라마 속에 자주 나오는 '며느리'라는 존재가 늘 궁금했다며 내게 '며느리'가 어떤 것이냐고 물었다. 나는 며느리에 대해 최선을 다해 설명했다. 며느리는 아들의 아내를 시가에서 부르는 말이며 남편의 부모님과 그 식구들의 안부를 챙기고 집안의 대소사를 처리하는 일을 한다고 말했다. 더불어 한국의 명절 문화에 관해 설명하며 며느리가 하는 일을 알려주었다. 나의 이야기를 들으면서 잘못된 영어 표현을 고쳐주던 강사는 갑자기 내게 이렇게 물었다.

"servant(하인)?"

그러면서 옛날 소설에 나오는 시종과 무엇이 다르냐며 아들의 아내가 그 집안의 하인처럼 지내는 문화가 어떻게 만들어진 것인지 궁금해했다. 그리고 그는 덧붙였다. 캐나다는 다문화 사회라 다양한 전통을 지닌 가족 문화가 자리 잡고 있지만, 한국의 '며느리' 같은 존재는 별로 본 적이 없다고 했다. 아들의 아내는 하인이 아니라 그 집안의 가장 중요한 손님으로 존중받는 문화가 훨씬 강하다고 했다. 그는 극단적인 종교 전통을 따르는 소수의 문화권을 제외하고는 아들의 아내를 하인처럼 부리는 일은 없을 거라고도 덧붙였다.

나는 머리를 한 대 얻어맞은 것 같았다. 분명 '며느리'라는 자리가 좋지는 않았다. 시댁에만 가면 늘 불편했고, 나 자신이 아닌 다른 사람이 된 것 같은 느낌이 들었다. 하지만 한국에서 결혼 생활을 하는 대부분의 여성들이 이렇게 살고 있으니, 당연히 감수해야 한다고 여겨왔다. 때로는 불편함을 느끼는 스스로를 나무라면서 좀 더 어른들에게 살갑고 믿음직한 며느리가 되라고 다그치기도 했다. 하지만 이 모든 것이 당연하기는커녕 이곳에선 이상한 일이었다. 서구인의 눈에는 한국의 며느리는 '하인' 혹은 '시종' 같은 존재였다.

손님으로 대접받던 날

"며느리는 하인"이란 충격적인 말을 들은 지 얼마 지나지 않아, 우리 가족은 오랜 기간 캐나다 사회에 뿌리를 내리고 사는 한 이민 가정에 초대받았다. 밴쿠버에서 처음으로 이웃집을 방문하는 것이라 무척 설렜다. 우리는 후식으로 먹을 예쁜 컵케이크를 준비해서 시간 맞춰 이웃집을 방문했다. 환영 인사를 나누고 선물을 드린 후, 아이는 그 집 아이들과 함께 2층으로 올라갔다. 남편은 자연스레 그 집의 거실을 서성였고, 나는 주방으로 들어갔다.

"제가 뭐 도울 것 없을까요?"

그러자 앞치마를 두르고 있던 그 집 남편이 나서며 손사래 치며 말했다.

"아이고 왜 주방에 들어오세요. 거실에서 차 한 잔 마시고 좀 쉬세요. 고기가 아직 덜 익어서요. 조금만 기다리시면 됩니다."

"그래도 초대해주셨는데 뭐라도 거들어야죠."

내가 다시 말했다. 그러자 이번엔 아내가 말했다.

"손님이시잖아요. 주방일은 저랑 남편이 하는 거예요. 한국에서나 손님이건 주인이건 여자들이 주방에서 일하죠. 여기선 안 그래요. 편히 쉬세요."

나는 거실 텔레비전 앞에 있던 남편 옆에 가서 앉았다. 포근한 소파에서 준비되어 있는 차 한 잔을 마셨다. 아이들이 2층에서 내려와 식사 준비 중인 엄마 아빠를 대신해 우리와 도란도란 이야기 나누었다. 그사이 음식 준비가 마무리됐다. 여자 둘과 남자 둘, 그리고 아이 셋. 우리는 모두 한 식탁에 둘러앉아 식사를 하며 담소를 나누었다. 남편과 아내가 자연스럽게 주방을 공유하는 모습이 참 보기 좋았다. 편안하고도 따뜻했다.

이날 집으로 돌아오는 차 안에서 나는 가만히 눈을 감았다. 한국에서 이웃집에 초대받았을 때가 떠올랐다. 한국에선 이웃을 주로 바깥에서 만나긴 했지만, 집들이 등의 이유로 초대받아 갔을 땐 나는 늘 주방으로 들어갔다. 초대를 받고 온 여자들은 대체로 주방에서 함께 음식을 준비하며 수다 떨었고, 남자들은 남자들끼리 거실에 앉아서 술잔을 기울였다. 초대한 집의 남자를 포함해 모든 남자는 여자들이 주방에서 날라다 주는 음식을 먹기만 했다. 음식 준비와 설거지, 뒷마무리를 하는 사람은 모두 여자들이었다. 생각해보니 내가 가정집에 초대받아 남편과 동등하게 손님으로 대접받은 것은 이번이 처음이었다.

낯선 사회에 적응해가면서 나는 한국인의 '문화적 정체감'을 실감했다. '문화적 정체감'이란 자신의 문화적 특성에 대해 스스로 인식하고 정의 내리는 것을 말한다. 문화적 소수자들은 주류 구성원들과의 비교를 통해 문화적 정체감을 곧잘 알아챈다. 하지만 한 사회의 주류에 속하는 사람들의 문화적 정체감은 당연한 것으로 받아들여지기 때문에 알아채기 쉽지 않다.

나 역시 한국에서는 그랬다. 내가 생각하고 말하고 행동하는 방식은 한국 사회에서 너무나 자연스러워서 오히려 인식할 수 없었다. 우리가 늘 숨 쉬고 있는 공기의 존재를 알아차리지 못하고 지내는 것처럼 말이다. 어딘지 억울하고 부당하게 느껴지는 상황도 모두가 그렇게 지내니 '그러려니' 하며 감내할 수밖에 없었다.

하지만 캐나다에서 나는 소수자였다. 내가 자연스럽게 받아들이고 행동했던 방식들이 이곳에서는 이질적으로 느껴졌다. 이런 경험은 보이지 않던 것들을 볼 수 있게 했다. 그리고 그 안에 담긴 의미와 감정을 생각해보는 계기가 됐다.

나는 점차 깨달아갔다. 그동안 한국 사회에서 당연하게 여겨온 것들이 당연한 것이 아님을 말이다. 한국에서 결혼한 여성으로 살면서 불편하고 때로는 억울하게 느껴지는 일들을 겪을 때마다 나는 '내 탓'을 해왔다. 하지만 거리를 두고 바라보자 알게 됐다. 내가 느꼈던 불편함은 내 잘못이 아님을 말이다. 그동안 쌓여온 부당함과 억울함은 유교 문화의 영향을 받은 한국 특유의 가부장제, 그리고 경쟁과 성취가 지나치게 강조되는 한국 사회의 분위기에서 비롯된 것이었다. 모두가 나처럼, 한국의 여성들처럼 사는 건 아니었다.

'도시락'에 대한 다른 생각

내가 머물던 캐나다 밴쿠버의 학교는 급식을 하지 않았다. 아이는 도시락을 싸서 학교에 갔다. 샌드위치나 빵, 피자, 햄버거 등은 입에도 대지 않는 아이를 위해 나는 매일 한식 도시락을 준비해야 했다. 하지만 집에서 먹는 밥, 국, 반찬을 싸서 갈 수도 없는 노릇이었다. 샌드위치나 샐러드 등으로 점심을 먹는 다수의 아이들은 15분 정도면 점심 식사를 마치고 모두 밖으로 나가 놀았다. 이 스케줄에 맞춰 아이가 먹을 수 있는 것들을 준비해야 했다. 게다가 오전 10시 반에 30분 정도 주는 '리세스 시간(중간놀이시간)'에 먹을 간식 역시 집에서 가지고 가야 했다.

거기다 남편까지 합류했다. 밖에서 몇 번 점심을 사 먹어 본 후, 재료값에 비해 식당에서 사 먹는 음식이 유난히 비싸다는 걸 깨달은 남편은 출근한 지 일주일 만에 도시락을 싸달라고 선언했다(자원이 풍부하고 인건비가 비싼 캐나다는 식자재비는 저렴하지만, 외식비는 비싸다. 이 때문에 도시락 문화가 발달해 있다).

어린이집부터 급식을 하는 한국 문화에 익숙했던 내가 캐나다에서 가장 적응하기 힘들었던 것이 바로 이 도시락 문화였다. 게다가 나는 이미 한국에서 몸에 배어버린 3인분의 돌봄을 계속 실천하고 있었다. 출근하는 것도 아니고 공부하는 것도 아니었지만 나는 매일 새벽 5시 반에 일어나야 했다. 그러곤 아이와 남편이 깰까 봐 아주 조심스럽게 아침 식사, 아이 도시락, 아이 간식, 남편 도시락을 만들었다. 아이 도시락은 볶음밥이나 김밥을, 남편 도시락은 샌드위치나 샐러드를(남편은 다른 동료들과 함께 먹을 때 불편하다며 서구식 도시락을 요구했다), 아침 식사로는 국과 밥이 있는 완전한 한식을 준비했다. 아이가 간식으로 가져갈 과일과 간단한 스낵도 준비했다.

두 개의 도시락과 아침 식사, 그리고 아이의 간식까지. 모든 준비를 마치면 7시 반이 되었고, 그때쯤 남편과 아이를 깨웠다. 한국에서와 똑같이 여러 차례 흔들어 깨우고 남편과 아이가 입고 나갈 옷을 코디해놓았다. 남편과 아이가 푹 자고 일어나 씻고 내가 챙겨놓은 옷으로 갈아입은 후 식탁에 앉아 스마트폰을 하고 음악을 들으며 평화로운 아침을 맞는 사이, 나는 땀이 날 정도로 분주하게 움직였다.

8시 반. 집을 나서는 남편과 아이에게 인사를 건네고 산더미처럼 쌓여 있는 설거지를 마치고 나면 나는 이미 녹초가 됐다. 아침이지만 나의 신체감각은 일하다 퇴근할 무렵인 오후 5시쯤은 된 것 같았다. 잠시 쉬면서 땀을 식히고 나면 또다시 오늘 저녁 식사는 어떤 것을 해서 먹을지, 내일 도시락 메뉴는 무엇으로 할지 고민이 시작됐다. 청소하고, 세탁기를 돌리고, 장을 보면 아이가 돌아올 시간이었다. 나의 하루는 이렇게 '두 개의 도시락'과 '식사 메뉴' 위주로 돌아갔다.

"저도 제 삶이 있어요"

그러던 어느 날 나는 또 다른 이웃의 집에 초대받았다. 부모님 세대 때 이곳에 정착한 그 한국계 이웃은 이미 캐나다 문화에 매우 익숙해져 있었다. 나는 하소연했다.

"한국은 급식하잖아요. 일 년에 두 번 정도 아이가 현장학습 가는 날만 도시락을 썼는데 이렇게 아침마다 도시락을 싸야 하는 게 너무 스트레스에요. 아이가 빵을 싫어해서 김밥이나 볶음밥을 싸줘야 하고, 남편은 한국 음식 냄새가 너무 튄다며 샌드위치를 싸 달라고 한다니까요. 둘이 메뉴라도 좀 맞추든지. 아침밥까지 차리면서 도시락 두 개를 싸고 아이 간식까지 준비하면 진짜 제가 출근하는 것도 아닌데 아침마다 전쟁하는 기분이에요."

그러자 이웃은 내게 이렇게 말했다.

"도시락을 남편 것까지 싸줘요? 저희는 아침 식사 준비는 제가 하지만 남편이 출근 준비하면서 간단하게 샌드위치 같은 것들로 아이 도시락이랑 본인 도시락을 챙겨요."

나는 되물었다.

"직장 안 다니시잖아요?"

"내가 직장 안 다니는 거랑 남편 도시락 싸주는 거랑 무슨 관계가 있나요? 낮엔 저는 집에서, 아이는 학교에서, 남편은 직장에서 각자에게 주어진 일을 하면서 지내지만 다 같이 집에 있을 땐 각자 자기 몫을 해야죠. 남편은 성인이니 스스로 도시락 싸는 게 당연한 것 아닌가요? 엄마나 아내로서 가족을 보살피는 게 제 일이지만 저도 제 삶이 있어요. 스스로 할 수 있는 것까지 제가 해줄 필요는 없죠."

한국에서 몸에 밴 나의 성별화된 고정관념이 또 한 번 깨지는 순간이었다. 가만히 생각해보니 정말 그랬다. 이곳의 이웃들은 전업주부여도 나처럼 가정에서 다른 식구들의 몫까지 해내지 않았다. 낮 동안 청소나 빨래, 장보기, 아이의 학교생활에 참여하는 등 돌봄을 담당했지만 저녁엔 온 가족이 함께 식사 준비를 하고 치우고 함께 쉬었다. 이들은 '돈을 벌지 않는다'는 이유로 미안해하지도, 삶을 제한하지도 않았다. 해야 할 몫은 하지만, 다른 시간엔 취미생활이나 봉사활동 등 자신이 가치 있다고 여기는 것을 실천하며 자신만의 세계를 가꿔가고 있었다. 캐나다의 아빠와 아이들 역시 이런 엄마의 모습을 자연스레 받아들이며 자신의 식사 준비, 옷가지 챙기기 등을 스스로 하는 듯했다.

존중받는 돌봄과 생명의 가치

나는 궁금했다. 어떻게 캐나다 엄마들은 전업주부로 살면서도 나다움을 추구하고 자신을 위한 시간을 보낼 수 있는 것일까? 돈을 벌지 않아도 자기가 원하는 것을 당당하게 요구하고 실천할 수 있는 이유는 뭘까?

이런 의문을 품고 나는 캐나다 이웃들의 삶을 좀 더 면밀하게 관찰하기 시작했다. 그러자 어렴풋이나마 그 이유를 알 수 있었다. 이곳에서도 경쟁을 통한 성취가 중요하지 않은 건 아니었다. 하지만 캐나다인들은 그에 못지않게 '생명존중'과 '돌봄'을 소중하게 여겼다.

먼저 이들은 습관처럼 남들과 비교하거나 경쟁하지 않았다. 밴쿠버의 학교에서는 성적표에 다른 또래들과 비교한 아이의 위치를 적어주지 않는다. 대신 한 학기 동안 아이가 얼마만큼 발전했는지 알려준다. 다른 사람과 경쟁해서 이기는 것이 아니라 스스로 만족하고 성장하는 데 더 가치를 두는 것이다. 이런 교육 환경 덕분인지 학력이나 직업, 소득에 따라 사람을 줄 세우는 정도가 한국보다 훨씬 덜했다. 직종과 관계없이 자신이 선택한 일에서 만족하며 사는 것을 더 중요시했다.

생명을 대하는 태도도 달랐다. 《동물주의 선언》의 코리 펠뤼숑이 적었듯, 동물을 대하는 태도는 그 사회가 사람을 대하는 관점을 그대로 보여준다. 내가 살던 곳의 상점들은 매일 아침이면 작은 그릇에 물을 담아 문밖에 내어 두었다. 거리를 지나가는 반려동물과 야생동물을 위한 배려였다. 또한, 캐나다거위 떼가 길을 건널 때, 갈매기가 도로 한복판에서 물고기를 잡아먹고 있을 때, 차들은 조용히 멈춰 서서 기다려주었다. 사람들이 자주 이용하는 스탠리 파크를 비롯한 도심의 공원에는 코요테가 살았고 도시 외곽 숲의 피크닉장에는 종종 곰이 나타났다. 하지만 아무도 이 동물들을 쫓아내려 하지 않았다. 도시는 사람만을 위한 공간이 아니었다. 사람과 동물이 어우러져 함께 살아가는 곳이었다.

내가 머무는 동안 우리 집 바로 옆 블록의 한 상점에서 큰불이 난 적이 있었다. 건물 전체가 전소됐던 이 화재를 밴쿠버 언론들은 며칠간 집중적으로 보도했다. 하지만 한국 언론에서 흔히 다루는 '재산 손실액'은 보도하지 않았다. 대신 화재가 난 상점 바로 옆 건물의 반려견 호텔에 머물던 개들이 구조되는 상황을 시시각각 보도했다. 돈보다 동물의 생명이 우선시되는 사회였다.

'돌봄'이 전제된 사회

경쟁에서 이겨 '돈'을 많이 버는 게 유일한 가치가 아닌데다 다양한 삶의 방식과 생명을 존중하는 사회에서 돌봄은 한국과는 다른 대우를 받았다. 이곳에서 돌봄은 집에서 노는 주부들이 하는 '돈이 되지 않는 하찮은 일'이 아니었다. 생명을 존중하고 보살피며 구성원들의 일상을 가능하게 하는 가장 중요한 원동력이 바로

'돌봄'이었다. 이 때문에 각 가정에서 돌봄을 담당하는 전업주부들이 임금노동을 하지 않는다는 이유로 주눅드는 일은 없었다.

'돌봄의 가치'는 직장에서도 높이 평가됐다. 캐나다의 직장문화는 직원들의 가정에 '돌볼 가족'이 있다는 것을 염두에 두고 형성되어 있다. 남편이 일하던 연구소에서는 가족이 아프거나, 아이를 돌봐야 할 상황이 발생했을 땐 언제든지 메시지 한 통으로 근무시간을 조정할 수 있었다. 아기엄마였던 남편의 동료는 일주일에 두 번만 출근하고 다른 날은 재택근무를 했다. 또 다른 동료가 어린 강아지를 입양했을 땐, 강아지가 홀로 집에 머무를 수 있을 때까지 강아지와 함께 출근하는 것이 허용됐다. 사람을 포함한 모든 생명을 돌보는 일은 직장에서의 임금노동만큼 중요한 것으로 존중받았다.

부부가 모두 일하는 경우, 부모로서 충분히 아이를 돌볼 수 있도록 근무시간을 탄력적으로 조정할 수 있는 회사들도 많았다. 부부 중 한 사람은 오전 7시에 직장을 나가 아이들의 하교 시간인 오후 3시에 맞춰 퇴근하고, 다른 한 사람은 오전 9시에 아이를 학교에 데려다주고 출근했다가 오후 5시에 퇴근하는 식이다. 물론 회식도 없었고 퇴근 후나 주말에 동료들과 어울리거나 일과 관련해 골프 접대를 하는 일도 일어나지 않았다. 가끔 직장에서 파티 형식의 모임을 열긴 했지만 이런 모임은 가족 동반으로 진행됐다.

이런 분위기 속에서 남편들은 아내가 있어도 자신의 끼니를 챙긴다거나 본인의 옷을 손질하는 것과 같은 기본적인 '자기돌봄'에 소홀하지 않았다. 부부가 함께 집안일을 하는 것 역시 당연했다. 퇴근 후 가정에서의 삶이 보장되는 사회에서 '피곤하다'거나 '시간이 없다'는 것은 식사 준비, 빨래, 청소 등 돌봄을 행하는 일을 게을리하는 이유가 될 수 없었다. 가족 구성원이 각자 자기 몫의 돌봄을 수행하고 부부가 자연스레 가사와 육아를 함께하니, 직장맘들이 '슈퍼맘'이 되려고 애쓰면서 회사와 가정에서 죄책감에 시달리는 일도 흔하지 않았다.

물론 캐나다가 젠더 불평등을 완전히 해소한 이상적인 사회라는 말은 아니다. 캐나다는 무척 넓은 나라이고, 지역마다 분위기가 다르다. 보수적인 정서를 가진 지역도 분명히 있을 것이다. 이 글에 묘사된 캐나다의 모습은 내가 거주했던, 대표적인 진보도시 밴쿠버의 이야기다. 밴쿠버는 시청에 성소수자와 다양성 존중을 상징하는 무지개 깃발을 국기와 함께 게양할 정도로 평등과 자유를 중요시하는 곳이었다. 밴쿠버의 분위기를 캐나다 전체의 분위기로 오해하지 않으면 좋겠다. 분명한 사실은 한국에서 살던 내게 이들의 삶은 무척 이상적으로 보였다는 것이다.

나는 캐나다의 이웃들에게 내 모습을 비춰보았다. 일하고 공부한다는 이유로 식구들에게 늘 미안해했던 나. 전업주부의 자리에 있을 때마다 나 자신을 잃은 채 우울해했던 내가 보였다. 무엇을 해도 늘 미안하고, 어딘지 부족하게 느껴진다는 한국의 이웃들이 떠올랐다. 이런 나 자신과 이웃들이 안쓰럽게 느껴졌다. 더는 이렇게 살고 싶지 않았다. 어떤 자리에 있든, '나답다'고 느끼며 당당하게 살고 싶었다.

그것은 가정폭력이다

밴쿠버에서의 일상이 어느 정도 모양새를 갖춰갈 무렵이었다. 화창하고 쾌적한 여름이 끝나가고 있었고 비가 오는 가을, 겨울 시즌이 다가오고 있었다. 밴쿠버의 가을과 겨울은 춥지는 않지만 거의 매일같이 비가 온다. 그래서 여름이 끝나갈 무렵 사람들은 올해는 '레인쿠버(비+밴쿠버의 합성어)'가 언제 시작될지에 대해 이야기하며 여름의 끝을 아쉬워하곤 한다. 어학원에서 '레인쿠버'라는 말에 대해 배웠던 그 무렵이었다.

꿈을 꾸었는데 내가 한없이 작아지고 있었다. 구체적인 배경이나 스토리도 없이 내가 계속 작아졌다. 꿈에서 내가 거의 사라져버릴 때쯤 나는 소스라치게 놀라며 깨어났다.

눈을 뜨자 새벽녘이었다. 파스텔톤의 하늘이 조금씩 붉게 물들고 있었다. 아직은 비가 올 것 같지 않은 그런 맑은 느낌의 하루가 시작되고 있었다. 하지만 이 꿈의 여운 때문인지 내 마음은 비에 젖은 것처럼 축축하게 가라앉았다. 기자직을 그만두고 상담심리사가 되겠다고 대학원에 진학했던 일, 엄마가 되고 힘들게 학위를 마치고 일과 공부를 병행하던 내 모습이 떠올랐다. 내 나이 불혹. 아직 아무것도 이룬 게 없었다. 그런데도 지금, 또다시 공부도 일도 하다 말고 남편의 연수를 돕기 위해 이 낯선 곳에 와서 멈춘 채 살고 있었다. 이대로 내가 사라질까 봐 겁이 났다. 꿈의 메시지는 명확했다. 내가 사라질까 봐, 나의 이름을 또다시 잃을까 봐 두려워하는 마음을 고스란히 담고 있었다.

나는 남편에게 "이러다가 내가 아무것도 되지 못할까 봐 너무 두렵다"며 "나도 세상에 좋은 영향을 주는 그런 사람이 되고 싶다"고 털어놓았다. 하지만 남편은 대수롭지 않게 말했다.

"영향력은 무슨 영향력이야. 너도, 참. 다른 사람들은 다 외국 생활한다고 부러워하지 않아? 이런 곳에 살아보는 걸 감사하게 생각해야지. 도대체 너는 현재도 제대로 못 즐기면서 맨날 뭐가 그렇게 복잡해?"

남편의 말은 내 입을 꾹 다물게 했다. 캐나다에 오기 직전 "너도 나만큼 벌어보든지"라는 말을 들은 후 멀어진 남편과의 심리적 거리는 좀처럼 좁혀지지 않았다.

며칠 후 나는 어학원에 갔다가 몇 블록 떨어진 밴쿠버중앙도서관에 들렀다. 그 꿈 이후, 내가 사라지지 않도록 전공과 관련된 책들을 읽고 논문 주제라도 떠올려야겠다고 다짐한 터였다. 긍정심리학 관련 책을 찾아보러 도서관에 간 건데 이상하게 발걸음은 '페미니즘' 섹션에 머물렀다. 한국에서 몇 권의 책으로 접하기는 했지만 '아, 그렇구나' 하는 수준에 그쳤던 페미니즘이 갑자기 궁금해졌다. 왠지 페미니즘을 통해 답답하며 억울하고 때로는 화가 나다가도 금세 미안해지고 죄스러워지는 내 감정의 실체를 알아낼 수 있을 것만 같았다. 나는 그날부터 페미니즘 책을 더듬더듬 읽어 나가기 시작했다.

동시에 '이주민을 위한 밴쿠버교육청의 오리엔테이션' 행사에서 받아두었던 '여성 리더십 워크숍' 팸플릿이 떠올랐다. 집에 돌아와 팸플릿을 찾아보니 다행히 아직 신청이 가능한 기간이었다. 이 팸플릿을 받아들던 날, 다문화 가정의 여성들을 위한 페미니즘 기반의 집단상담 워크숍이라는 설명을 들었던 터였다. 서툰 영어가 걸렸지만 나는 뭐에 홀린 듯 워크숍 참가 신청 메일을 보냈다. 다른 여성들을 만나 나와 같은 것을 느끼는지 이런 감정을 어떻게 해결해야 하는지 나누고 싶은 마음이 간절했다.

연대감과 다양성

마침내 '레인쿠버'가 시작됐다. 비가 오다 잠시 쨍하고 해가 비추기를 반복했던 어느 가을날. 캐나다 밴쿠버의 위성도시 버나비의 한 오래된 건물 강의실에 8명의 여자가 동그랗게 모여 앉았다. 이탈리아, 태국, 미국, 칠레, 멕시코, 요르단, 필리핀 그리고 한국에서 온 8명의 여자는 생김새가 모두 달랐다. 피부색도, 눈동자 색도, 머리카락 색도, 심지어 영어의 억양도 달랐다. 우리의 공통점은 단하나, '여자'라는 것이었다. 그 속에 내가 있었다.

일주일에 한 번, 하루 3시간씩 6주간. 우리는 그렇게 총 18시간을 만났다. 맨 먼저 여성을 둘러싼 폭력에 관해 이야기 나눴고, 그다음엔 이러한 폭력에 대항하기 위해 우리가 가져야 할 태도를 이야기했다. '단호함(assertiveness : 자신의 의견이나 생각, 주장을 감정에 휘둘리지 않고 분명하게 표현하는 것)'을 연습해 폭력적인 발언과 행동으로부터 나를 지키는 방법도 배웠다. 그리고 내가 정말로 중요하게 여기는 것이 무엇인지, 무엇이 여성인 '나'를 구성하는지 생각해보고, 이를 그림이나 문구, 몸짓으로 표현하는 활동도 해봤다. 어떤 날은 밴쿠버지방법원에 방문해 여성에 대한 폭력과 관련된 브리티시컬럼비아주(밴쿠버가 속해있는 캐나다의 주)의 법체계에 대해 배우기도 했다.

이 모든 것을 나누면서 내가 느낀 건 강렬한 연대감이었다. 서로의 이름조차 제대로 발음하기 어려울 만큼 다른 배경을 가진 우리였다. 하지만 각자가 털어놓은 직장에서의 차별, 폭력적인 남편과의 이혼 과정에서 겪었던 억울함, 자신의 외모를 가꾸느라 애썼지만 끝내 만족할 수 없었던 경험들은 결코 남의 일이 아니었다. 나는 결혼 후 육아와 살림을 홀로 도맡으면서 잃어버리게 된 나를 찾기 위해 일과 공부를 병행했지만 여전히 공허하기만 한 내 마음을 털어놓았다. 멤버들은 자신들의 비슷한 경험을 들려주며 나를 꼭 안아주고 응원해줬다.

엄마라는 이름의 무게 때문에 겪는 어려움은 출신 국가를 막론하고 유사했다. 다양한 배경의 사람들이 공통으로 이런 감정을 느낀다는 사실은 힘들었던 내 상태가 '나의 잘못'이 아님을 깨닫게 했다. 내가 느끼는 억울함과 분노는 타당한 것이었다. 그리고 지금 우리는 함께 이런 어려움을 극복하기 위해 모여 있었다. 마음 한편이 뭉클했다.

동시에 나는 여성들이 원하는 삶이 무척이나 다양하다는 것을 깨달았다. 우리는 잡지 사진을 활용해 각자가 원하는 자신의 모습을 표현해보기도 하고 여러 명언 중 마음에 가장 와닿는 것을 찾아보기도 했다. 이런 과정을 통해 여성 각자가 가진 꿈과 재능이 얼마나 다양한지 알아갔다. 문제는 여성의 다양한 꿈들이 가부장제가 만들어낸 '여성다움'과 각종 의무에 의해 가려져 있다는 것이었다. 조금씩 자신이 진정으로 원하는 것이 무엇인지 찾아가며 우리는 함께 기뻐했다.

보이지 않는 가정폭력

나는 이 워크숍을 통해 오랫동안 나를 괴롭혔던 감정의 실체를 알 수 있었다. "너도 나만큼 벌어보든지"라는 남편의 말에 왜 그토록 상처받았는지 그 이유를 드디어 알게 된 것이다. 캐나다에 오기 전, 지인들과 교류할 시간을 요구했던 내게 남편이 내뱉은 이 말은 결혼하고 나서 내가 남편에게 들은 그 어떤 말보다도 나를 분노케 했고 남편과 거리를 두게 했다. 내가 느낀 배신감과 분노, 억울함의 이유는 명백했다. 남편의 이와 같은 태도는 분명한 '가정폭력'이었다.

한국에서는 '가정폭력'이라고 하면 남편이 아내를 때리는 물리적이고 신체적인 폭력을 먼저 떠올린다. 하지만 캐나다에서 폭력은 힘의 균형이 무너진 관계에서 힘 있는 쪽이 힘없는 쪽을 통제하려 드는 모든 것을 의미한다. 위협을 포함한 신체적이거나 성적인 폭력은 물론, 상처 주는 말을 하거나 여성에게 죄책감이 들도록 만드는 '정서적 학대', 여성의 사회생활과 바깥 활동을 제약하려는 '고립', 여성이 직장을 갖거나 유지하는 것을 방해하고 경제적으로 자신에게 의존하게끔 유도하는 '경제적 학대'. 이 모두가 폭력의 범주에 속했다.

또한, 아이에게 죄책감이 들게 만드는 행동도 가정폭력으로 분류됐다. 한국에서 아이에게 문제가 생겼을 때 부부들이 흔히 하는 말, "당신이 그러니까 애가 이 모양이지?"라는 말도 폭력 행위였다. 즉, 육아에 함께하지 않고 그 책임을 상대방에게 전가하는 태도 역시 폭력이라는 것이다. 물론 이런 폭력들은 남성이 여성에게만 가하는 건 아니다. 여성이 남성에게 가할 수도 있고 동성 커플 사이에서도 일어난다.

캐나다에서는 어떤 형태든 이와 같은 상황이 벌어지면 경찰에 신고할 수 있고 즉시 공권력이 개입한다. 사적 공간인 가정에서라도 관계의 기본적 신뢰를 무너뜨리는 폭력이 발생하는 경우, 이는 더이상 사적으로 해결할 문제가 아니었다. 경찰, 상담전문가, 사회복지사 등 다양한 분야의 전문가가 함께 나서서 피해자를 보호했으며, 가해자에게는 적절한 처벌과 치료를 통해 반성하게끔 하고 이런 일을 다시 저지르지 않도록 하는 조치들이 취해졌다.

이런 관점에서 돌아보니 남편의 "너도 나만큼 벌어보든지"라는 말은 폭력임이 분명했다. 경제적 우위를 이용해 내 사회생활을 제약하려 했으니 '경제적 학대'와 '고립' 모두에 해당했다. 내가 한국에서 억울함과 분노 그리고 죄책감을 동시에 느끼며 괴로워한 순간들은 대부분 캐나다에서 분류한 폭력의 범주에 속해 있었다. 물론 나는 남편이 이런 것들을 의도적으로 행하지는 않았다고 생각한다. 만일 폭력임을 알았으면 남편은 이런 언행을 함부로 하지 않았을 것이다.

문제는 한국 사회는 암묵적으로 이런 것들을 폭력으로 규정하지 않는다는 거였다. 유교 문화의 영향을 강하게 받은 한국의 가부장제는 서구의 것보다 더욱 권위적이며 서열 짓기를 좋아한다. 또한 남성의 권위도 서구보다 훨씬 강하고 성별화에 입각한 고정된 성역할의 잣대도 엄격하다. 가뜩이나 집단주의가 강한 문화권에서 이와 같은 사고는 여성을 독립된 한 사람으로 바라보는 것을 방해하고 여성을 남성에게 더욱 강하게 예속시킨다.

오랫동안 이어져 내려온 이런 암묵적 규칙들은 대부분 사람의 마음에 내면화되어 있다. 아무도 가르쳐주지 않았는데도 내가 결혼 전부터 가부장제에서 규정한 며느리와 아내의 역할을 알고 있었듯 말이다. 내면화된 이 같은 사고들은 '여성에게 정서적, 경제적, 사회적 제약을 가하는 것'이 '폭력'이라고 아무리 강조해도 이를 쉽게 받아들이지 못하게 막는다. 한국 사회의 분위기 자체가 여성에게 폭력적이었던 것이다. 남편 역시 이런 집단 무의식과 분위기에 휩쓸려 내뱉은 말들이었으리라.

또한, 이런 상황에 기여한 내 역할도 알 수 있었다. 불쾌한 감정을 솔직히 표현하지 못하고 부당한 대우를 단호하게 거절하지 못했던 내 행동들은 남편에게 이런 상황들이 '당연한 것'이라는 메시지를 보냈을 것이다. 워크숍에서 연습한 '단호함'은 가부장 사회에서 요구하는 '착한 여성'이라는 굴레를 벗어나 나 자신을 존중해주기 위해 꼭 필요한 태도였다.

이를 깨달은 날, 나는 한바탕 눈물을 쏟아냈다. 나 자신이 가엾게 느껴졌다. 나아가 이런 것들을 전혀 모른 채, 의도하지 않은 사이에 폭력의 가해자가 되어버린 남편 역시 측은하게 느껴졌다. 그와 나, 모두가 한국적 가부장 문화의 희생자라는 생각이 들었다. 그토록 사랑했던, 그리고 여전히 사랑하는 우리 관계가 폭력에 의해 희생되는 것을 그냥 놔둘 수 없었다. 나는 얼른 남편에게 우리가 얼마나 무지하게 폭력의 패턴을 따르고 있었는지 알려줘야겠다는 생각이 들었다. 그리고 함께 바꿀 수 있는 것을 찾아보기로 다짐했다.

나는 '누군가를 망치는 사람'이었다

캐나다 밴쿠버에 오기 전, 한국에 있을 때였다. 남편의 토론토 출장이 예정되어 있었다. 그 무렵 가족이 함께 떠나는 여행이든 아니든 여행 가방 싸는 것을 담당하는 사람은 늘 가정에서의 돌봄을 전담하던 나였다. 남편의 출장 전날이면 내 마음도 덩달아 바빠지곤 했다. 그날도 마찬가지였다. 나는 낮 동안 남편의 속옷과 양말들을 모두 빨아 건조시켜 놓았고 남편이 가져갈 옷들도 손질해 두었다.

저녁을 먹고 나서 나와 남편은 짐을 싸기 시작했다. 남편은 내가 준비한 옷을 가방에 넣었고, 나는 남편이 출장 가 있는 동안 쓸 화장품 샘플과 비상약 등을 챙겨다 주었다. 그리고 남편에게 일러두었다. "속옷들은 옷장에 없고 건조대에 있으니 필요한 만큼 챙겨서 넣어"라고. 아주 분명히.

다음 날 아침, 남편은 토론토로 출장을 떠났고 아이와 나는 평소와 다름없는 일상을 보냈다. 14시간이라는 긴 비행과 더불어 낮과

밤이 완전히 바뀌는 한국과 토론토의 시차 탓인지 하루가 다 지나도록 남편에게 아무런 소식도 오지 않았다. 나는 슬슬 궁금해지기 시작했다. 잘 도착했는지, 그곳의 날씨는 어떤지, 숙소는 지낼 만한지 궁금했다. 마침내 기다리던 남편의 카톡이 왔다. 나는 반가운 마음에 메시지를 확인했다. 그런데 남편이 보낸 메시지는 잘 도착했단 인사말도, 나와 아이의 하루가 어땠는지 묻는 안부 인사도 아니었다.

'내 속옷 어디 있어? 속옷이 없는데~'

남편은 다짜고짜 이렇게 메시지를 보냈다. 나는 순간 당황했다. 빨래를 건조시켜 둔 베란다에 나가보았다. 출발 전날 미리 빨아 건조해 둔 속옷들이 그대로 있었다.

'내가 건조해 두었다고 했는데 집에 그대로 있는걸?'

'헐! 어쩌지?'

나는 나도 모르는 사이 카톡 메시지 창에 '못 챙겨줘서 미안'이라고 글씨를 치고 있었다. 그러다 문득 화가 치밀었다. '이게 왜 내가 미안할 일이람? 아이까지 있는 다 큰 어른이 자기가 출장 가는데 속옷 하나 제대로 못 챙겨 가는 게 이상한 거 아니야? 결혼하기 전에는 자취까지 했던 사람이 자기 속옷 하나 못 챙긴다니. 애가 됐어, 애가!'

나는 '미안'이라고 썼던 말을 지웠다. 그리고 그냥 이렇게 보냈다.

'사서 입어! 아니면 빨아 입든지!'

지금 돌아보면 웃음이 나오지만 이 일은 내게 많은 것을 생각하게 했다. 남편은 왜 아이가 되어버린 건지, 나는 왜 남편의 속옷을 챙겨주지 못했다고 미안해하는 건지 도무지 이해되지 않았다. 또한, 동등한 위치에서 서로를 사랑해 결혼한 우리가 어쩌다 이렇게 '엄마'와 '아들' 같은 관계가 된 건지 화도 났다. 사실 이런 감정은 내게 무척 익숙한 것이었다. 아침에 남편이 다려 놓은 셔츠가 없다고 하거나 양말을 개어 놓은 게 없다고 투정했던 날, 함께 간 여행에서 깜빡한 물건이 있을 때, 퇴근한 남편이 "배고프다"며 저녁 식사 차림을 재촉했을 때, 나는 남편이 겪는 불편이 모두 내 탓처럼 느꼈다. 그때마다 나는 짜증스러우면서도 동시에 미안했다.

그것은 돕는 게 아니었다

밴쿠버에서 지내는 동안 나는 이 오래되고도 오묘한 감정의 이유를 알 수 있었다. 이곳에서는 나처럼 가족이 스스로 할 수 있는 돌봄 행위를 대신해주는 사람을 '인에이블러enabler'라고 표현했다.

인에이블러는 우리말로 풀이하면 '조력자'나 '도와주는 사람' 정도로 해석된다. 하지만 이 개념 안에는 상대방을 도와준다고 생각하지만 실은 망치고 있는 사람이라는 의미가 포함된다. 인에이블러는 도움을 제공함으로써 상대방이 자신에게 의존하도록 하고 결국엔 독립적으로 생활할 수 없게 만든다. 이런 행동에는 상대방에게 꼭 필요한 존재가 되고 싶다는 무의식적인 의도가 담겨있다.

남성과 여성의 역할을 이분화하는 가부장제 사회에서 아내는 집 안일을 도맡는다. 남편의 식사와 옷가지들을 모두 챙겨주면서 남 편으로 하여금 기본적인 자기돌봄조차 아내에게 의존하도록 만든 다. 또한, 남편은 직간접적으로 아내의 사회활동을 제약함으로써 경제적으로 자신에게 의존하도록 만든다. 이 같은 가부장적 성역 할에 근거한 결혼 생활은 서로를 서로의 인에이블러가 되게 하고 결국 각자를 독립적 인격체로 존중하지 못하게 한다.

　딱 우리 부부의 모습이었다. 나는 아이를 거의 홀로 책임지면서 동시에 남편을 돌봤다. 남편의 옷을 챙기고 퇴근 시간에 맞춰 저 녁을 차려놓기 위해 애를 쓰고 혹시라도 이런 것들에 소홀할까 봐 전전긍긍했다. 가부장제의 성역할을 따랐던 나의 이런 행동들은 결과적으로 남편이 독립적인 한 사람으로서 자기 자신을 돌보는 능력을 상실하게 했다. 결국 내가 해왔던 일들은 남편을 돕는 게 아니었다. 그를 망치는 일이었다.

　남편도 마찬가지였다. 그는 가부장적 성역할에 충실한 탓에 아 무런 의심 없이 자기를 돌보는 일을 내게 맡겨버렸다. 내게 과다한 돌봄노동을 부과함으로써 남편은 내가 가정 밖의 사회에 참여해 보다 독립적인 한 사람으로 성장하는 것을 방해했다. 물론 이 역시 의도한 것은 아니었을 테다. 하지만 우리 안에 깊이 새겨진 성별 화에 따른 역할 담당은 이렇게 우리 각자가 독립적인 한 사람으로 온전하게 살아가는 것을 가로막았다.

'인에이블러.' 나는 이 단어를 마음에 새겼다. 3인분의 돌봄노동에 시달리면서도 제대로 챙겨주지 못했다고 자책하던 일은 내가 전혀 미안할 일이 아니었다. 오히려 과다한 돌봄을 제공해 남편을 아이처럼 만들어버린 것에 대해 미안해하는 게 맞았다. 이 사실을 깨닫자 결혼 후 계속해서 나를 괴롭혀왔던 죄책감이 조금은 엷어지는 것 같았다.

과다한 돌봄노동을 멈출 때

인에이블러의 문제는 비단 우리 부부에게만 해당되는 것은 아니다. 2010년 이후에 출간된 많은 페미니즘 서적들은 이분화된 성역할에 근거해 '돌봄을 여성에게 전가하는 문제'가 근본적인 불평등의 원인이라고 지적한다.

호주의 페미니스트 애너벨 크랩은 저서 《아내가뭄》에서 페미니즘 덕분에 사회에서는 여성이 일하고 공부하는 것에 더이상 토 달지 않게 되었다고 했다. 하지만 가정에서는 달라진 것이 없다고 지적했다. 일하는 남편은 아내의 지원을 받아 자기 일에 몰두하지만, 일하는 여성은 남편과 아이를 돌보고 가정의 살림을 책임지면서 시간을 쪼개 일한다. 크랩은 바로 이런 구조가 여전히 '유리천장'을 존재하게 하고, 일상에서 여성이 평등하지 않다고 느끼는 원인이라 지적했다.

크랩은 이런 성찰을 토대로, 페미니즘의 다음 목표는 여성의 사

139

회 진출이 아니라 남성의 가정 진출이 되어야 한다고 주장했다. 여성이 사회로 나가는 만큼 남성도 가정에서 돌봄을 수행할 수 있어야 진정으로 평등해진다고 말이다. 남성이 집에서 스스로를 잘 돌볼 때, 여성에게 가해진 사회적 제약이 사라지고 동시에 남성 역시 더 온전한 한 사람으로 살아갈 수 있다는 것이다.

《슈퍼우먼은 없다》의 저자 앤 마리 슬로터도 비슷한 주장을 한다. 그녀는 인간 사회를 이끄는 두 가지 원동력에는 '돌봄'과 '경쟁'이 있는데, 근대 이후 '경쟁'만이 가치 있는 것으로 받아들여졌다고 지적한다. 여기에 가부장적 사고가 더해지면서 '경쟁'보다 열등해진 '돌봄'은 '남성'보다 열등하다고 간주되어온 '여성'에게 전적으로 부과되었다. 저자는 사회가 발전하지 못하는 가장 큰 방해물이 바로 이런 이분법에 근거한 성역할이라고 단언한다. 그녀는 돌봄이 열등한 것이 아니라 우리 사회에 매우 필요하고 중요한 기능임을 입증하는 여러 근거를 제시한다. 그리고 '돌봄'이 여성의 것이라는 편견을 없애고 그 가치를 인정해야 한다고 강조한다. 그럴 때 진정으로 평등한 사회로 나아갈 수 있다는 것이 그녀의 주장이다.

나는 이들의 주장에 전적으로 동의한다. 내가 남편을 아이처럼 돌보면서 불평하는 일은 남편을 망치고, 나를 망치며, 동시에 평등한 사회에 저해가 되는 일이었다. 남편이 스스로 자신의 식사를 챙기고, 옷을 빨아 입으며(최소한 찾아 입으며), 본인 주변을 스스로 정리할 수 있도록 내버려 두는 일. 즉, 남편이 돌봄 능력을 회복할 수 있도록 과다한 돌봄 제공을 멈추는 것만이 나와 남편이 서로를 망치고 있는 악순환에서 벗어나는 방법이었다. 깨달았으니 이제 바꿔가야 했다. 일상에서 하나씩 차근차근.

내게 가장 중요한 가치는 '평등'

"저는 기자입니다." "저는 교사입니다." "저는 의사입니다."

사람들은 흔히 자기소개를 할 때 직업을 말한다. 나 역시 그랬다. 기자로 지냈던 20대에 나는 어느 자리에서든 나를 '기자'라고 소개했다. 심지어 내가 누구인지 모두 아는 친척들에게까지 명함을 돌리며 이제부터 '기자'라고 강조하기도 했다. 상담심리사 자격증을 딴 뒤에는 줄곧 사람들에게 "저는 상담심리사입니다"라고 나를 소개해왔다. 비록 명함은 없었지만 사람들이 나를 '상담사'로 대해주길 바랐다. 어린이, 학생으로서의 정체감에서 벗어난 후 나는 이렇듯 늘 일에서의 나를 '나'로 말해왔다.

그런데 내 인생에 '기자'도 '상담사'도 아닌 시간이 생겨나기 시작했다. 아이를 낳고 육아에만 전념하던 때, 대구로 이사 와서 일자리도 어린이집도 구하지 못한 채 아이와 둘이 집에서만 지낼 때, 남편과 아이의 뒷바라지를 위해 캐나다 밴쿠버에서 머물 때, 나는 기자도 상담사도 아니었다. 이 시기에 나를 소개하는 말은 그냥 '은성이 엄마'였다. 하지만 이렇게 나 자신을 소개할 때마다 나는 내가 사라져버린 것 같은 느낌이 들었다. 직업이 없으니 나 자신을 설명할 언어조차 잃은 느낌이었다.

밴쿠버에서 참여한 여성 리더십 워크숍에서도 그랬다. 워크숍 첫날. 시작은 당연하게도 '자기소개'였다. 나는 뭐라고 말할지 계속 생각해보았지만, "한국에서 왔고, 남편과 아이를 따라 여기에 왔다" 외에 달리 할 말이 없었다. 나를 소개하면서 내가 하는 일, 직업 같은 것을 말할 수 없으니 낯선 느낌이 몰려왔다. 영어가 서툴러 더 길게 이야기할 수 없다는 게 그나마 다행이라는 생각이 들었다.

이렇게 시작한 워크숍에서 나는 정말 '나답다'는 것이 무엇인지 알아갔다. 워크숍은 여성문제에 대해 토론하는 것과 더불어 가부장제가 부과한 역할 속에 갇힌 내가 아닌 진정한 나의 모습을 찾아가는 활동들로 구성되어 있었다. 오래된 잡지 속에서 내가 생각하는 나의 모습을 표현하는 이미지를 찾아 잘라 붙이기도 했고, 세계적으로 유명한 인물들의 사진을 벽에 붙여 놓고 그중 가장 존경하는 인물을 골라 이유를 설명하는 시간도 가졌다. 어떤 날은 진행자가 준비해온 여러 명언 중 마음에 드는 것을 고르고 함께 그 의미에 대해 생각해보기도 했다.

이런 작업을 통해 나는 직업이 아닌 다른 방식으로 나를 이해하는 방법들을 익혀갔다. 나는 그 무엇보다 마음의 평화를 원하고 있었고 차별받는 사람들, 도구적으로 다뤄지는 동물들에게 동정심을 가지고 있었다. 또한, 주류 신앙 안에서 소외되는 사람에 대한 '차별 금지'를 이야기한 프란치스코 교황을 가장 존경하는 그런 사람이었다.

가장 나다운 모습을 찾다

나는 매 워크숍에서 작업했던 것들을 모두 모아 두었다. 워크숍이 마무리되어 갈 무렵이었다. 식구들이 일터와 학교로 떠난 고요한 낮 시간. 나는 그동안 공부한 것을 정리하기 위해 모은 자료를 모두 바닥에 쭉 펼쳐 놓았다. 바닥에 펼쳐 놓은 결과물들을 내려다보고 있는데 갑자기 한 단어가 떠올랐다. '평등.' 내가 나를 표현했던 그림과 글들이 이렇게 말을 건네는 듯했다.

'이게 바로 너다운 모습이야. 네가 진정으로 원해온, 평생토록 추구해온 가치. 그건 평등이었어. 그걸 실천할 때 너는 가장 너답게 살아갈 수 있는 거야.'

명명되지 않았던 것에 이름을 붙이고 나면 실체가 명확해지는 법이다. 내가 삶에서 추구해온 것들을 '평등'이라 불러 보니 정말 그렇다는 게 온몸으로 느껴졌다. 내가 살면서 가장 분노하고 실망했던 순간들은 나 스스로가 평등한 대우를 받지 못하거나 누군가가 힘과 권력이 있다는 이유로 사람 혹은 다른 생명체를 함부로 다루는 모습을 봤을 때였다. 반대로 서로 존중하고 평등한 관계를 실천하는 모습을 볼 때 나는 커다란 기쁨을 느껴왔다.

남편과 만난 후 가장 크게 싸웠던 순간들은 대부분 남편이 누군가를 차별적인 시선으로 대할 때였다. 나의 가치를 발견했던 그날도 나는 화가 나 있는 상태였다. 며칠 전 남편이 주차장에서 어렵게 주차하는 차를 보고 "저거 분명히 아줌마다"라고 했던 말에 느꼈던 분노가 가시지 않고 있었다. 나는 대학에 다닐 때 장애인을 차별하는 대학의 행정에 분노해 장애인 인권운동 동아리에서 활동했었고 이후에도 누군가가 아무런 이유 없이 부당한 대우를 받는 모습을 보면 오랫동안 마음이 아팠다. 사람에 의해 함부로 다뤄지는 동물들이 안쓰러워 유기견을 입양했고, 채식을 이어가고 있었다. 이 모든 것이 내가 '평등'이라는 가치를 중요하게 여기고 있기에 가능한 일들이었다.

캐나다에 머물면서 가장 인상 깊었던 점들 역시, '평등'과 관련된 것이었다. 아이가 다니는 학교의 운동장에서 장애 있는 친구들을 위한 휠체어 탄 채로 이용하는 그네를 발견했을 때, 공공기관의 화장실에서 'transpeople welcome(성전환자 환영)'이라는 표지판을 봤을 때, 야생동물이 도로 위를 지나갈 때 멈춰선 차들을 바라볼 때 나는 마음이 한없이 따뜻해지는 걸 느꼈다.

'평등'이라는 가치는 '기자'와 '상담심리사'라는 직업보다 나를 훨씬 더 잘 설명해주고 있었다. 직업은 하루 중 일하는 시간에만 나를 설명해준다. 하지만 내가 추구하는 가치는 굳이 일터에 나가지 않아도 일상 속에서 나를 표현해주고 있었다. 직업으로 자기 자신을 소개하는 것은 우리가 중국집에서 음식을 시킬 때 흔히 하는 말인 "나는 자장면!", "나는 짬뽕!"처럼 논리에 맞지 않는 말(내가 어떻게 자장면, 짬뽕이란 말인가!)이라 했던 어느 작가의 말이 떠올랐다. 그 말이 정말 맞았다. 나는 기자도 상담사도 아니었다. 나는 '평등'이라는 가치를 추구하는 사람이었다. 이 가치를 실천하고 지낸다면 어느 자리에서 어떤 일을 하든 나는 사라지지 않을 터였다.

여성주의 상담을 공부할 때 읽은 책에도 이런 내용이 있었다.

'사람은 자신이 가장 중요하게 생각하는 가치를 실천하며 살아갈 때 '나답다'는 느낌이 든다. 그리고 그것이 저해되었을 때 자신의 정체감을 잃어간다. 아무리 친밀한 사이라도 이 가치를 존중해주지 않는 관계에서는 나답게 살아가기 힘들다.'

'평등'을 회복하기로 결심하다

비로소 결혼 후 줄곧 내가 느껴왔던 복잡한 감정들의 퍼즐이 맞춰지는 것 같았다. 연애할 당시 동등한 위치에 있다고 느꼈던 나와 남자친구의 관계는 결혼 후 아내와 남편이라는 역할 속으로 들어가며 평등한 관계에서 벗어났다. 가부장 사회에서 아내는 남편에게 돌봄을 제공하는 수동적 존재여야 하고, 남편은 아내를 부양하면서 권위를 갖는다. 의도한 적은 없었지만, 사회에 아주 오랫동안

146

자리 잡은 이 고정관념을 우리 부부는 아무런 문제의식 없이 따르고 있었다.

시가에서도 마찬가지였다. 나는 나의 중요한 가치 중 하나인 '채식주의'를 포기할 만큼 시가에 순종하는 며느리가 되기 위해 애썼다. 엄마가 된 후에는 '모성신화'마저 충실하게 따랐다. 여성을 '헌신적인 엄마'로만 규정짓는 모성신화는 스스로를 존중하지 못하게 하고 있었다.

내가 결혼해서 맞닥뜨린 이런 상황들은 모두 '평등'이라는 나의 중요한 가치와 정면으로 위배되는 것들이었다. 이 때문에 나는 늘 심리적으로 갈등했다. 너무나 오랫동안 나를 옥죄어온 한국 사회의 가부장적 가치들은 내가 알아차리지도 못할 만큼 나의 정신과 일상을 지배하고 있었다. 하지만 한국보다 훨씬 느슨한 가부장적 질서를 가지고 있는 캐나다에서, 평등과 다양성 존중이 그 어떤 가치보다도 중요한 이곳에서 나는 드디어 깨달았다. 나의 가치는 '평등'이었고, 결혼 후 나를 둘러싼 문화들은 내가 평등이란 가치를 실천하지 못하도록 막았다. 결혼 후 끊임없이 밀려왔던 어딘지 억울하고 불안했던 그 느낌, 내가 사라져버린 것 같은 그 느낌은 일하지 않아서가 아니었다. 나의 가치를 실천하지 못하고 있기 때문이었다.

이 모든 것을 알아낸 순간, 나는 나를 표현한 자료 더미 위에 앉아 한바탕 눈물을 쏟았다. 더 이상 이대로 살아갈 수 없음이 명확했다. 변화해야 했다. 내가 나답지 않다는 느낌으로 계속 살아갈 수는 없는 일이었다.

그날 저녁, 식사를 마치고 남편과 나는 와인 한 잔을 들고 발코니에 마주 앉았다. 밴쿠버의 아름다운 스카이라인을 바라보며 나는 내 마음을 털어놓았다. 워크숍에서 배운 것을 하나하나 설명하면서 캐나다에 오기 전 내가 왜 그토록 분노했는지, '인에이블러'가 무엇인지, 관계에 있어 폭력이란 어떤 것인지 모두 이야기했다. 내가 얼마나 평등을 중요하게 생각하는 사람인지도 말했다. 그리고 분명하게 밝혔다.

"사람이 자기 삶에서 중요하다고 생각하는 것을 실천하지 못하고 살면 나답게 살 수가 없대. 워크숍에서 알게 됐는데 내게 가장 중요한 가치는 '평등'이야. 이게 우리 관계에서 실현되지 않으면 난 이 결혼 생활을 계속할 자신이 없어질 것 같아."

이전의 나였다면 아마도 남편이 마음 상해할까 봐 걱정돼 '결혼 생활'까지 운운하며 주장을 펴지는 않았을 것이다. 하지만 그때 난 여성이 자기 의견을 표현할 때 '단호함'이 얼마나 필요한지 배운 상태였다. 여성인 나 자신을 지키는 것이 가족 모두의 행복으로 나아갈 수 있음을 명확히 알아가던 때였다. 그래서 나는 전에 없이 단호하게 나의 의사를 밝혔다. 평소 남편에게 나의 의사를 밝힐 때마다 사용하던 "기분 상했다면 미안한데"라는 표현 따위는 떠올리지도 않았다.

아마도 남편은 이런 나의 발언에 놀랐을 것이다. 하지만 남편 역시 한국과는 많이 다른 밴쿠버의 분위기를 인상 깊게 받아들이고 있는 터였다. 남편은 나의 말을 긍정적으로 받아들였다. 우리는 비로소 '평등'을 회복하기 위한 방법을 찾아 나서기 시작했다.

4장

변화

갈등을 마주해서 얻게 된 것

변화는 갈등과 함께 시작된다

'첫째, 자기 빨래는 자기가 개서 정리한다.'

'둘째, 식사 전후에 주방에서 함께 거든다.'

우리 부부가 평등을 회복하기 위해 가장 먼저 시작한 일은 가사 분담, 즉 각자 자기 몫의 돌봄을 실천하는 일이었다. 그리고 위의 두 가지 원칙에 합의했다. '운전 중 여성을 비하하는 발언 하지 않기', '좌변기에 앉아서 소변을 보거나 그렇지 않으면 변기 청소 알아서 하기', '청소 구역 나누기' 등 보다 구체적이고 세부적인 것을 약속하고 싶은 마음도 있었다. 하지만 처음 시도하는 변화에서 너무 많은 요구는 오히려 역효과를 불러올 것만 같았다. 그래서 일단 위의 두 가지라도 제대로 실천해보기로 약속했다. 당시 만 9살이던 아들 녀석도 함께 말이다.

먼저 실천한 건 스스로 자기 옷 정리하기였다. 그때까지 나는 빨래를 한 후 모든 가족의 옷을 다 개어 각자의 옷장에 정리하는 것까지 도맡아 해왔다. 하지만 그 결과는 아침마다 반복되는 "셔츠 어디 있어?", "양말은?", "엄마! 바지 어디에 있어?"라는 외침이었다. 나는 이런 소리가 듣기 싫었다. 그래서 바쁜 아침에 홀로 식사를 준비하면서 식구들이 입고 나갈 옷을 코디해 두곤 했다. 이런 패턴이 굳어져 우리 집 두 남자는 아침에 혼자 옷을 챙겨 입는 것조차 못하고 있었다. '인에이블러'가 되지 않기 위해 나는 가장 먼저 식구들의 옷을 정리해주는 일을 중단했다.

남편과 아이가 직장이나 학교에 있는 낮 동안 빨래를 분류하고 세탁하는 일은 내가 했다. 하지만 건조기를 돌린 후에는 빨래를 꺼내지 않고 그대로 두었다. 저녁에 돌아온 남편과 아들은 건조기에서 자기 옷을 챙겨 정리했다. 자기 전까지 건조기에 옷들이 그대로 있는 날엔 옷을 모두 꺼내 침대 위에 올려두곤 했다. 우리 셋은 자기 전 침대에 모여 앉아 각자 빨래를 개고 잠자리에 들었다. 혼자 하면 꽤 오래 걸렸던 일이 금세 끝났다.

덕분에 남편은 혼자서 옷을 찾아 입을 수 있게 되었고 아이는 옷장을 스스로 정리하며 뿌듯해했다. 단, 주의해야 할 일이 있었다. 남편과 아이의 옷장을 열어보지 않는 것. 이게 중요했다. 남편과 아이가 스스로 옷장을 정리하자, 그들의 옷장은 이전에 내가 정리할 때와는 많이 달랐다. 내 기준에서는 옷을 던져 두는 수준이라 다시 정리하고 싶은 충동이 종종 올라왔다. 하지만 내가 손을 댄다면 예전 일이 반복될 것이었다. 나는 굳게 다짐했다. 남편과 아이가 정리해놓은 옷장이 내 마음에 들지 않더라도 관여하지 않기로 말이다. 다른 식구들의 옷장까지 내가 통제하는 건, 아무리 가족이라 해도 타인의 자율권을 침해하는 일이다. 각자의 옷장이니 당사자들이 불편하지 않으면 그만이라고 마음먹자 옷장의 상태가 더 이상 신경 쓰이지 않았다.

긴장의 시작

다음으로 실천하기 시작한 건, 식사 전후에 다 함께 주방에서 거들기였다. 전에는 내가 식사를 준비하는 동안 남편과 아들은 각자자기 할 일을 하거나 휴식을 취했다. 난 혼자서 분주하게 움직여식탁을 예쁘게 차려놓고 남편과 아들을 '대접'했다. 식사를 마친후에도 남편과 아들은 몸만 빠져나와 다시 거실로 나가 앉았고 나만 홀로 주방에 남아 그릇을 나르고 설거지를 했다. 가끔 나는 '식당 아줌마'가 된 것 같은 기분이 들곤 했다.

이런 과도한 돌봄의 결과는 내가 없을 때 남편과 아들이 끼니를 제대로 해결할 수 없게 된 것이었다. 냉장고에 무엇이 있는지, 조미료는 어디에 있는지조차 알지 못하는 상태에서 내가 집을 비운사이 두 남자가 해 먹을 수 있는 건 라면밖에 없었다. 그래서 난 식사를 '대접'하는 것을 포기하고 다 같이 의논해서 만들어 먹기로마음먹었다.

그런데 이 부분은 쉽지 않았다. 남편은 내가 "식사 준비하자"고 말해도 무엇을 어떻게 해야 할지 잘 몰랐다. 주방에 와서 서성이다가 식탁에 앉아 스마트폰에 빠져들었다. "양파를 이런 크기로 잘라 줘"라고 아주 구체적으로 말하면 딱 그것만 하고 다시 소파로 돌아가 앉았다. 식사를 마친 후에도 남편은 내가 "그릇 좀 싱크대에 옮겨줘", "식탁 좀 닦아"라고 말하지 않으면 자동으로 몸만 빠져나가 소파에 앉아 있곤 했다. 남편이 설거지하기로 한 날에도 남편은 일단 소파에 앉아서 쉬다가 한참이 지나야 설거지를 하곤 했다. 식사 후 곧바로 치우고 쉬는 것이 좋은 나는 그때마다 긴장되기 시작했다. 매번 '이렇게 해라', '저렇게 해라' 요구를 하자니 잔소리꾼이 된 것 같았고, 알아서 해주기를 기다리자니 속이 타들어 갔다. 내가 바라던 만큼 남편이 따라주지 않을 때마다 신경이 곤두섰다.

반면 아들은 변화를 빨리 받아들였다. 마침 이곳 학교의 사회 시간에 젠더 평등과 다양성 존중을 대해 배우고 있던 아들은 즐거운 마음으로 재료 준비를 도우며 냉장고에서 반찬을 꺼내 그릇에 옮겨 담았다. 식사 후에도 자연스레 자신이 먹은 그릇들을 싱크대로 옮겼고, 때로는 식탁도 닦았다. 아들은 집 안에서 자기가 할 수 있는 일이 많아진 것에 뿌듯해하는 눈치였다. 아들의 경우 가부장적 문화에 노출될 기회가 남편보다 훨씬 적었기에 이런 변화를 별 어려움 없이 받아들일 수 있었으리라.

남편에겐 더 어려운 변화

그러던 어느 일요일 낮. 점심 식사를 준비할 때였다. 남편에게 반찬을 좀 꺼내서 식탁에 놓아달라고 부탁한 후 나는 밥과 국 등 뜨거운 요리를 마무리하고 있었다. 남편은 식탁에 반찬을 갖다 놓더니 그대로 앉아서 먹기 시작했다. 내가 국을 뜨는 동안 밥이라도 떠주길 내심 바라던 나는 순간 짜증이 났다. 말이 곱게 나갈 리 없었다.

"나 지금 국 뜨고 있는 거 안 보여? 와서 밥이라도 좀 떠서 가져가지 그래? 다 같이 먹기 시작하면 좋잖아."

그러자 남편이 버럭 화를 냈다.

"난 도대체 어디에 맞춰야 하는지 모르겠어. 맨날 너한테 혼나고 교육받는 느낌이야. 나도 안다고. 너 혼자 다 하는 게 부당한 거라는 거. 그런데 내가 오랫동안 그렇게 안 해 와서 머리로 아는 만큼 몸으로 안 된단 말이야!"

이날 우리는 오후 내내 냉전의 시간을 보냈다. 나는 남편과 함께 있는 게 불편해 일찌감치 아이와 성당에 가서 미사를 드리고 저녁 무렵 집에 들어왔다. 집에 다시 돌아왔을 때는 마음이 조금 누그러진 상태였다. 남편에게 짜증스럽게 말했던 게 후회됐다. 남편 역시 조금은 부드러워진 표정이었다.

저녁에 다시 만난 우리는 긴 대화를 나누었다. 그리고 나는 남편의 입장을 좀 더 알게 되었다. 남편의 아버지, 그러니까 나의 시아버지는 지금도 그렇지만 옛날에는 더욱 가부장적이셨다. 퇴근해서 집에 올 때면 모든 식구가 현관 앞에서 시아버지를 맞아야 했고 시아버지의 기분은 곧 그날 집안의 분위기였다. 반면, 시어머니는 매우 헌신적이며 순종적이셨다. 온갖 집안 살림과 대소사를 홀로 처리하셨고 시아버지가 시키는 잔심부름도 마다하지 않으셨다. 시어머니는 얼마 전까지만 해도 시아버지가 텔레비전을 보시면서 "물!"이라고 외치면 얼른 물을 떠다 주시곤 했다.

이런 부모 곁에서 엄격한 가부장제의 성역할을 자연스러운 것으로 받아들여왔을 남편에게 우리가 추구한 변화는 참으로 낯선 것이었을 테다. 물론 나도 비슷한 환경에서 자랐고 내게도 오래된 습관을 바꾸는 일이라는 점은 같았다. 하지만 우리가 추구하는 변화의 의미는 서로에게 매우 상반된 것이었다.

내게 가사를 분담하고, 보다 평등한 관계를 만들어가는 변화는 그동안 남을 과도하게 돌봤던 행동을 멈추고 나 자신의 욕구에 관심을 기울여가는 것이었다. 반면 남편에게 변화는 그동안 과다하게 충족됐던 돌봄받고자 하는 욕구를 내려놓고 주변을 돌아보는 일이었다. 나는 결핍된 것을 인지하고 요구하며 채워 가면 됐지만 남편은 그동안 자동으로 충족된 것들을 스스로 해야 했으며 편안함을 포기해야 했다. 나보다 남편에게 이런 변화가 더 힘든 건 당연했다.

나는 남편에게 힘든 입장은 이해한다고 공감해주었다. 하지만 변화를 중단할 수는 없다고, 이전처럼 계속 억울하다는 생각으로 살면 우리 사이가 멀어질 것 같다고 이야기했다. 예전처럼 계속 살아서는 서로가 독립된 한 인격체로 살아가기 힘들 것이라고 다시 한번 강조했다.

결혼한 지 10년이 넘은 한국의 내 친구들과 이웃들은 진담 반 농담 반으로 "남편은 큰아들"이라고 표현하곤 했다. 이들은 남편을 아이처럼 생각하고 대하면 이런 갈등에서 벗어날 수 있다며 내게 그만 싸우고 포기하라는 충고를 해줬다. 하지만 난 우리 관계를 절대 포기하고 싶지 않았다. 남편에게 나는 "당신을 내 큰아들로 대하고 싶지 않다"고, "서로를 존중하고 보살피면서 함께 성장하고 늙어가길 진심으로 바란다"고 이야기했다.

그날 저녁, 남편은 낮에 화낸 일에 대해 미안하다며 그동안의 돌봄에 대해 고맙다고 쪽지를 남겼다. 나는 남편이 겪는 어려움을 이해하고, 그가 변화에 천천히 적응해갈 수 있도록 다그치지 않기로 다짐했다. 변화를 실천하면서 우리 부부는 종종 다투곤 했다. 하지만 아무 말도 하지 못하고 속으로 억울함을 삼키며 참고 있던 때보다 오히려 나는 남편과 가까워졌다고 느꼈다.

'내 안의 가부장' 극복하기

주부에게 아침은 하루 중 가장 집약적인 노동을 하는 시간이다. 가족들이 하루를 시작하도록 짧은 시간 동안 최대한 돌봄을 제공해야 하기 때문이다. 이는 주부의 출근 여부와는 상관이 없다.

내가 출근을 하거나 공부하러 가지는 않았지만 캐나다에서도 아침 시간은 늘 정신없이 바빴다. 남편과 아이가 스스로 옷을 찾아 입고 아침 식사와 도시락 준비를 조금씩 거들었으나 하루의 시작을 주도하는 것은 항상 나였다. 알람 소리에도 잘 일어나지 못하는 남편과 아이를 깨우고, 아이의 아침 잠투정을 받아주고, 시간을 확인해가며 둘의 준비를 독려해야 했다. 남편과 아이가 지각한다면 이는 아내이자 엄마인 나의 게으름 탓이라도 되는 듯 나는 아침마다 긴장한 채 바쁘게 움직였다.

그날은 유난히 더 바빴다. 아이의 학교에서 현장학습을 가는 날이라 복장과 준비물 체크를 꼼꼼히 해야 했고, 좀 더 특별한 도시락(진실로 손이 많이 가는 정통 김밥)을 싸주어야 했다. 평소보다 훨씬 더 밀집된 시간을 보낸 나는 남편과 아이가 함께 집을 나선 후 맥이 풀렸다. 다른 때 같으면 아침 설거지를 마치고, 청소기를 돌리고, 세탁기에 빨래를 넣은 후 책상 앞에서 커피 한 잔을 마시며 노트북을 열었을 것이다. 하지만 그날은 유난히 피곤했고, 나는 쌓여 있는 설거짓거리를 그대로 놔둔 채 소파에 비스듬히 누워 반려견을 쓰다듬었다.

'아이고, 아침부터 진이 다 빠지네. 빨리 난장판이 된 주방을 치우고 원고를 써야 하는데. 일단 좀 쉬자. 5분만 누웠다가 하자.'

그때였다. 아이를 바래다주고 바로 출근해야 할 남편이 집으로 돌아왔다. 오늘은 조금 늦게 10시쯤 나가면 되는 걸 깜빡했다는 것이었다. 남편은 편안한 자세로 소파에 앉아 스마트폰으로 이것저것 검색하기 시작했다. 오전에 한국으로 원고를 보내야 했던 나는 남편에게 이야기했다.

"설거지하고 청소기 좀 돌리면 안 돼? 오늘 원고 보낼 거 있어서 오전에 글 써야 되는데 아침부터 종종거렸더니 너무 피곤해."

남편은 잠시 쉬더니 일어서서 싱크대 앞으로 갔다. 그러더니 이렇게 투덜거렸다.

"나 지금 옷 다 갈아입고 있잖아. 출근 복장 다하고 이런 걸 꼭 해야 해?"

글을 쓰기 위해 노트북을 열고 있던 나는 순간 뜨끔한 느낌이 들었다. 남편에게 미안했다. 동시에 한국에서 일과 가사를 병행할 때의 내 모습이 떠올랐다. 새벽에 가장 먼저 일어나 씻고, 외출복으로 갈아입고, 화장까지 다 한 후 나는 식구들을 깨우고, 밥을 짓고, 설거지를 했다. 가끔은 옷에 음식물이 튀어 옷을 다시 갈아입고 나가기도 했다. 내게 외출복 차림으로 집안일을 하는 것은 매일의 일과였다. 이렇게 생각하니 남편에게 미안한 일이 아니었다. 나는 남편의 투덜거림에 아무런 반응도 하지 않았고 남편은 설거지와 청소를 마치고 늦은 출근을 했다.

남편이 일터에 간 후, 내 마음엔 다시 미안함이 올라왔다. 남편에게 문자를 보낼까 여러 번 망설였다. '아침부터 설거지랑 청소시켜서 미안' 이렇게 썼다가 지우고 '설거지해줘서 고마워'라고 썼다. 그런데 막상 이 문자를 보내자니 이상했다. 나는 당연하듯 매일 하던 일인데 남편에게 '미안해'하고 '고마워'하는 것 자체가 부당하게 느껴졌다. 나는 이날 남편에게 아무런 메시지도 보내지 않았다. 대신 원하는 변화를 실천하면서도 여전히 미안해하는 내 마음에 물음표를 달아 두었다.

남편은 모르는 감정들

사실 이런 감정이 처음은 아니었다. 평등한 가정으로의 변화를 꾀하면서부터 이 묘한 죄책감은 수시로 나를 침범해왔다. 뭔가 잘못한 건 없는데 미안한 것 같은 그런 느낌으로 말이다. 나는 남편이 침대에 앉아 자신의 빨래를 개고, 저녁 식사 후 설거지를 할 때마다 이상하게도 늘 미안하다는 생각이 들었다. 분명 옳은 방향이고 내가 그토록 원했던 변화인데도 마음이 편하지 않았다. 남편이 집안일을 하는 동안 쉬는 것이 영 불편해 옆에서 식탁이라도 닦고 할 필요 없는 집안일을 만들어서 했던 적도 있다. 때로는 암 투병을 하면서도 아버지의 식사를 준비하고 살림을 도맡았던 엄마의 모습이 떠오르기도 했다. 엄마는 자신이 아픈 상황에서도 식구들을 위해 최선을 다했는데 그런 엄마 모습이 생각날 때마다 나는 '나쁜 아내'가 된 것만 같았다.

이는 《내 안의 가부장》의 저자 시드라 레비 스톤이 말하는 우리 안에 내면화된 가부장적 사고방식, 그러니까 '내 안의 가부장'이 작동하는 방식이다. 오랜 기간 우리 사회 곳곳에, 또 사람들의 마음 깊숙한 곳에 새겨진 가부장적 사고들은 이것에 반하는 행동을 할 때마다 불쑥 그 모습을 드러내 부적절한 감정들을 유발한다. 나의 '내 안의 가부장'은 종종 '죄책감'이나 '미안함'이라는 감정으로 모습을 드러냈다. 이 때문에 옳다고 믿는 것을 실천하면서도 늘 마음이 편치 않았다.

나는 이런 마음을 남편에게 털어놓아야겠다고 생각했다. 이게 남편도 함께 느끼는 감정인지 나만이 느끼는 건지 궁금했다. 어느 날 나는 남편에게 이렇게 물었다.

"난 당신이 설거지할 때 나 혼자 소파에 앉아 있으면 자꾸 미안

162

한 생각이 들어. 당신도 그런 생각 한 적 있어?"

남편은 답했다.

"아니 그게 왜 미안해? 난 네가 설거지할 때 앉아서 핸드폰 해도 미안하다는 생각 안 들던데. 그런 생각 하지 말고 그냥 편히 쉬어."

남편은 내가 느끼는 감정들을 전혀 느끼지 않았다. 나를 에워싸고 있던 이 이상한 죄책감은 오직 여성인 나만 느끼는 감정이었다. 가부장 문화에서 주입된 게 분명했다. 정당한 미안함이 아니었다. 따라가기보다 털어내야 할 것이었다. 이를 깨닫고 나니 남편이 집안일하는 동안 책을 읽거나 내가 원하는 일을 하는 게 조금은 편안해졌다. 하지만 이후로도 이 '강요받은 죄책감'은 불쑥불쑥 나를 찾아왔다. 그럴 때마다 나는 남편과의 대화를 떠올렸다. 그리고 '내 안의 가부장'에게 이렇게 말을 건넸다.

'나는 네가 부당하다는 걸, 공평하지 않게 나를 괴롭히고 있다는 걸 알아. 더 이상 너에게 끌려다니며 괴로워하지 않을 거야.'

글쓰기를 통한 성찰

'내 안의 가부장'을 극복하는 데 크게 도움된 것 중 하나는 글쓰기였다. 내게 강렬한 깨달음과 연대감을 선사했던 '여성 리더십 워크숍'을 수료한 후, 나는 내가 배운 것을 밴쿠버에 사는 한국계 이민여성들과 나눌 기회를 얻었다. 워크숍을 주최했던 다문화지원센터에서 때마침 영어가 서툰 한국계 이민여성들을 위해 한국어로

된 프로그램을 준비하고 있었고, 내게 도움을 요청해온 것이다.

　나는 다문화지원센터의 선생님과 함께 한국계 이민여성들을 위해 내가 배운 내용을 토대로 집단상담 프로그램을 기획했다. 한국에서 이민 온 여성 8명이 집단상담에 참여했고 나는 이들과 만나면서 한국 여성들이 얼마나 '폭력적인 사회'에 길들여 있는지 알아갔다. 캐나다에 이민 온 지 꽤 오랜 시간이 지났음에도 이들은 자신이 겪고 있는 일이 정서적, 사회적, 경제적 폭력인 줄도 모르고 감내하며 '자기 자신'이 사라진 삶을 이어가고 있었다. 이민 온 지 20년이 다 되었지만 캐나다의 문화를 배우기는커녕 20년 전 한국의 스타일로, 그러니까 지금의 한국보다도 훨씬 더 가부장적인 모습으로 살아가는 가정도 있었다.

　한국계 여성들을 대상으로 한 집단상담을 마치고 나서, 내가 배운 것들이 한국 여성들에게 정말 필요하다는 확신이 들었다. 한국에 사는 나의 친구들, 이웃들, 동료들 그리고 나와 유사한 삶의 과정을 거치고 있는 모든 여성과 내가 배운 것들을 공유해야 한다는 책임감이 느껴졌다. 억울함과 분노 속에서도 죄책감을 느끼며 살아가는 여성들에게 그러지 않아도 된다고 이야기해주고 싶었다. 워크숍에서 느꼈던 강렬한 연대감을 다시 맛보고 싶기도 했다. 또한, 내가 실천하고 있는 것들이 조만간 돌아가 살아야 할 한국에서 어떻게 받아들여질지 알고 싶은 마음도 있었다.

　나는 용기 내어 공적인 글쓰기를 시작했다. '오마이뉴스'에 내가 이곳에서 배운 것들과 실천하고 있는 일들을 적어 보냈고 그 글들은 〈나의 독박돌봄노동 탈출기〉라는 연재물로 공개됐다. 글을 쓰면서 나는 나 자신과 내가 배운 것들을 차근히 돌아보고 정리해 볼 수 있었다. '낡은 것을 바꿔보자'하면 무조건 반대부터 하는 사람들에겐 입에 담기 힘든 악플 세례를 받기도 했다. 하지만 내 글에 위로받았다고, 자신도 더 이상 예전처럼 살지 않기로 다짐했다고 응원해주는 많은 여성 독자들의 반응은 내게 큰 힘을 불어넣어 주었다. 한 독자는 이메일로 개인적 고민을 털어놓기도 했는데 이런 소통을 통해 나는 깊은 연대감을 느꼈다. 나 혼자가 아니라는 느낌은 내가 변화하는 데 날개를 달아주었고, 복잡한 감정들을 이겨내는 힘이 되어 주었다.

한 가지 덤으로 얻은 건 남편이 나의 독자가 되었다는 점이다. 남편은 내가 쓴 글들을 매체를 통해 매주 읽었고, 글을 읽으면서 나를 좀 더 잘 이해하게 됐다고 말해주었다. 그 때문인지 남편은 조금 더 자발적으로 행동하기 위해 애썼다. 이전까지 내가 요청하는 것만 해오던 남편이 적극적으로 노력하고 있음을 알게 되자, 잔소리를 줄여갈 수 있었다. 남편이 하기로 약속한 집안일들을 미루고 있어도 알아서 할 거라는 믿음이 생겼고, 예전보다 남편을 덜 재촉할 수 있게 됐다. 변화를 실천했던 초반에 자주 일어났던 사소한 다툼들이 줄어든 건 물론이었다.

◗ 작은 실천이 가져온 변화들

"진짜 그깟 빨래 좀 개어 주면 어때서 계속 잔소리야?"

"아침마다 말투가 왜 그래? 짜증 좀 그만 내."

변화를 실천했던 초반. 남편은 이렇게 불만을 호소해왔다. 남편이 이럴 때마다 나는 이렇게 되받아쳤다.

"좀 알아서 하면 안 돼? 내가 말하지 않으면 아무것도 안 하니까 그렇지! 한 번 말할 때 하면 되잖아! 왜 여러 번 말하게 해놓고 잔소리한다고 그래?"

가부장적 전통에서 벗어나 평등한 관계를 정립하기 위해 애쓰면서 우리는 언성 높이는 일이 잦아졌다. 나는 나대로 남편을 감시하는 느낌으로 긴장하며 지냈다. 남편 역시 나의 이런 시선을 받으며 무척 불편한 하루하루를 보냈을 것이다. 우리의 이런 갈등에 해답을 알려준 건 당시 만 9살, 한국 나이로 초등학교 3학년이었던 아들이었다.

'고맙다'는 말

아들은 밴쿠버 한인 성당의 주일학교에 다니고 있었다. 어느 일
요일. 아이는 주일학교에서 부모님께 '고맙다'고 말하기를 숙제
로 받아왔다. 뭐든지 매뉴얼대로 하는 게 마음이 편한 아들은 그
날 저녁부터 이 숙제를 하기 시작했다. 아들은 저녁 식사 자리에서
는 "엄마, 오늘 김치찌개 끓여줘서 고마워"라고, 아침에 학교 갈 때
는 "엄마, 도시락 싸줘서 고마워. 아빠는 과일 깎아줘서 고마워"라
며 인사를 건넸다. 하교 후에는 "엄마, 오늘 나 데리러 와줘서 고마
워", 외식할 때도 "이거 진짜 맛있겠다. 엄마 아빠, 맛있는 거 사줘
서 고마워"라고 말했다. 처음에는 별것 아닌 일에 '고맙다'는 말을
듣는 것이 어색하기만 했다. 하지만 아들의 성실성은 우리를 변하
게 했다.

끊임없는 아들의 "고마워"라는 말에 우리의 말투가 바뀌기 시작
한 것이다. 어느 순간부터 나와 남편도 그 말을 따라 하고 있었다.
아들이 남편에게 "아빠, 고기 구워줘서 고마워"라고 말하면 나도
덩달아 "고마워"라고 말했다. 남편 역시 아들과 함께 내게 "오늘 식
사 준비해줘서 고마워"라고 인사했다.

언어에서 변화가 일어나자 집안 분위기가 달라지기 시작했다.
고맙다고 말할 거리를 찾다 보니 남편의 부족한 부분보다 달라지
려고 노력하는 모습을 더 많이 보게 됐다. 내가 요리하는 동안 남
편이 재료를 손질해주면 그 부분에 대해 "고맙다"고 말했고, 식사

후 함께 설거지를 할 때도 "같이 하니 훨씬 일이 수월하게 끝나서 좋다"고 말했다. 남편 역시 아침에 내가 싸준 점심 도시락을 받아 들면서 "점심 준비해줘서 고맙다"고 인사했고, 퇴근 후엔 "오늘 점심 참 맛있었다"고 이야기해줬다.

'고맙다'는 한 단어는 백 마디의 지시와 잔소리보다 우리를 더욱 변화시켰다. 긍정적인 피드백에 남편은 더 적극적으로 가사에 임했다. 점차 내가 말하지 않아도 남편은 자연스레 주방에 와 내 옆에 섰고, 빨래 개는 일에도 투덜거리지 않게 됐다. 나는 남편의 노력을 진심으로 '고맙게' 여기게 됐다. 나 역시 더욱 존중받는 느낌이 들었다. 남편이 내가 제공하는 돌봄노동에 대해 고맙다고 말해주자 주부로서의 가치를 인정받는 듯해 집안일을 더 즐거운 마음으로 할 수 있게 됐다.

언어습관 바꾸기

'고맙다'는 말이 우리 가족에게 발휘한 위력을 경험한 나는 언어의 힘에 대해 생각하게 됐다. 언어학자와 심리학자들이 밝혀냈듯 언어는 우리의 사고를 담는다. 하지만 반대로 언어에 의해 우리의 사고가 규정되기도 한다. 말의 습관을 바꾸면 마음이 작동하는 방식이 달라진다.

나는 남편과 내가 주고받은 문자메시지들을 살펴보았다. 내가 남편에게 보낸 메시지들은 대체로 이랬다. '어학원 친구가 이번 금요일에 저녁 먹자는데 가도 돼?' '토요일에 아이 봐줄 수 있는 때가 언제야?' '랭리 사는 친구가 영화 한 편 보자는데 가도 될까?' '쇼핑몰에서 진짜 편한 신발 발견. 하나 사도 돼?' 나는 남편에게 허락을 구하고 있었다. 스스로 결정해도 될 일까지 남편의 의사를 물으며 나 자신을 주체가 아닌 객체로 대하고 있었다.

반면 남편이 내게 보낸 문자메시지들은 이랬다. '나 오늘 영어회화 선생님 만나고 들어감.' '오늘 은성이 픽업 못 함.' '다음 달에 랩에서 파티한대. 가족동반!' 남편의 문자메시지들은 대부분 '통보'였다. 내 의사를 묻기보다는 자기 입장을 알려주고 거기에 내가 따를 것을 요구하는 내용이었다. 말투부터 나는 남편에게 예속된 존재였다.

이를 알아챈 후 나는 의식적으로 주체적인 말을 쓰기 위해 노력했다. 'OO 해도 돼?'라는 허락을 구하는 말 대신 '나 OO 하고 싶어'라고 나의 욕구를 표현하는 방식으로 문장을 바꿨다. 나를 위해 물건을 살 때 남편에게 묻는 습관도 바꿨다. 대신 원하는 걸 사고 나서 '나 오늘 OO 질렀음!'이라고 문자를 보냈다. 아주 작은 변화지만 수동적으로 말하던 언어습관을 바꾸니 내가 보다 주체적이라는 느낌이 들었다.

반면 가사나 육아에 대해서는 남편이 수동적인 언어를 사용하고 있었다. 툭하면 "도와줄게" 아니면 "내가 오늘 은성이 픽업해줄게"라는 말이 튀어나왔다. 나 역시 습관처럼 "설거지 좀 해줘", "청소 좀 해줄래?"라고 말했다. '도와준다' 혹은 '해준다'는 말은 내가 하지 않아도 될 일을 상대를 위해 거들거나 대신한다는 의미다. 남편이 정말로 가사와 육아에서 주체가 되려면 '해줄게' 대신 그냥 '할게'라는 말을 사용해야 했다.

나는 이 부분에 대해 남편에게 이야기했고 우리 사이에서 가사와 육아에 있어 '도와준다'라는 말을 금지하기로 했다. 나 역시 남편에게 이야기할 때 "설거지해줘" 대신 "설거지 좀 해"라는 식으로 바꿔 말하려고 애썼다. 사소하다면 사소한 것들이지만 이런 언어습관을 바꾸는 일은 우리 내면에 깊이 새겨진 '가사와 육아는 여성의 것'이라는 가부장적 사고를 바꾸는 매우 중요한 역할을 했다. 이런 노력을 통해 남편은 가사와 육아를 좀 더 자신의 일로 받아들이게 되었다.

새로운 일상이 자리잡다

그러자 긍정적인 변화들이 일어났다. 식구들이 각자 자신을 돌보는 능력을 회복하면서, 내가 돌봄노동에 쓰는 시간이 줄어들었다. 낮 동안 나는 꼭 필요한 집안일만 했다. 그 외의 것들은 주말이나 퇴근 후에 온 가족이 함께했다.

돌봄노동에 쓰는 시간이 줄어들자 나만의 시간이 생겼다. 그 시간에 나는 글을 썼다. 워낙 글쓰기를 좋아해서 기자로 일했던 나는 상담사가 된 후에도 언젠간 다시 글을 쓰겠다고 마음먹고 있었다.

캐나다라는 새로운 환경과 시간적인 여유는 글쓰기에 최적의 조건이었다. 이곳에서 경험한 평등과 다양성 존중에 대한 글을 쓰면서 내가 중요하게 생각하는 가치가 무엇인지 더 명확하게 알아갔다. 또한, 과거 기자로서의 경험과 현재 심리학자로 쌓아온 지식을 결합한 글쓰기를 하면서 단절되었던 나의 과거와 현재를 연결할 수 있었다. 온라인 매체에 글이 채택될 때마다 원고료 수입이라는 '덤'도 얻었다.

나의 과거와 현재가 연결되고 통합됐다는 느낌을 가지고 '평등'이라는 가치를 글과 일상생활을 통해 실천하면서 나는 다시 내가 되었다. 밴쿠버에 온 지 얼마 되지 않아 내가 사라지는 꿈까지 꾸며 걱정하던 일은 일어나지 않았다. 새로운 곳에서 배운 페미니즘과 그 실천을 통해 나는 나 자신을 다시 찾을 수 있었다.

남편은 아빠로서의 정체감을 갖게 됐다. 이는 직장 위주의 생활을 강요하는 한국과 달리, 삶에서 일과 가정의 조화를 중시하는 캐나다 사회에 영향을 받은 바가 크다. 남편은 매일 오후 5시면 퇴근해 집에서 저녁 식사를 한 후 아들과 조깅을 하며 오붓한 시간을 보냈다. 식구들보다 회사 동료들과 저녁 식사하는 날이 더 많았던 한국과는 매우 다른 생활 패턴이었다. 아이 학교에서 행사가 있는 날엔 당연하게 회사에 이야기하고 늦게 출근하거나 일찍 퇴근하곤 했다. 아빠들도 아이의 학교행사에 참여하거나, 육아를 이유로 휴가 쓰는 것이 자연스러운 분위기였기에 가능한 일이었다.

주말엔 골프를 치는 대신 가족과 함께 근교 공원으로 피크닉을 갔다. 한국에선 "골프 약속은 가족의 장례가 있어도 깰 수 없다"던 남편이 "난 한국 돌아가도 골프는 안 갈 거야. 아이랑 함께 주말을 보내는 게 얼마나 행복한 건지 알았어. 그리고 혹시라도 둘째가 생긴다면 육아휴직 1년도 무조건 쓸 거야. 아이랑 가족이랑 함께하는 시간을 뺏는 사회가 잘못된 거지, 이걸 요구하는 게 잘못된 게 아니거든"이라고 말했다.

남편은 한국에 돌아온 후에 정말로 '골프 중단 선언'을 했다. '골프를 안 치면 사회생활에 지장 받는다'는 예전의 논리와는 달리 골프를 치지 않아도 사회생활이나 대인관계에 아무런 문제도 일어나지 않았다. 여전히 우리는 주말이면 아이는 물론, 반려견까지 온 가족이 다 함께 도시 외곽으로 나가 여유 있는 시간을 즐긴다.

남편이 가정에 충실하게 되면서 직장에서의 스트레스 조절도 더 쉬워졌다. 한국에서 남편은 근무시간 후에도 동료들과 스트레스를 푼다는 명분으로 술을 마시며 일에 대해 계속 생각해야 했다. 하지만 밴쿠버에서 남편은 퇴근 후엔 일에서의 정체감을 벗어두고, 오롯이 아빠와 남편이 되었다. 저녁이 있는 삶 속에서 남편은 사적인 정체감을 활용할 수 있었고 이는 공적인 일에서 받는 스트레스를 줄여주었다.

평등한 관계를 위한 노력은 이렇듯 우리 둘의 정체감에 균형을 가져다줬다. 나는 엄마와 아내가 아닌 나 자신의 정체감을 점차 회복했고 남편은 직장인으로서의 정체감과 가정에서의 정체감을 조화시킬 수 있었다. 갈등을 피하지 않고 변화를 실천하면서 우리 둘 모두가 조금 더 온전한 사람이 되어갔다.

착한 며느리 대신 솔직한 며느리

   캐나다 밴쿠버에 머문 지 1년이 넘어설 무렵이었다. 우리 가족이 실천한 변화가 어느 정도 자리 잡아가고 있었다. 남편은 설거지와 청소는 물론 자신의 옷을 정리하는 일을 꽤 성실히 해냈고, 아이도 스스로 돌볼 줄 아는 영역을 넓혀가고 있었다. 나는 식구들에 대한 과도한 돌봄을 줄이고 나 자신을 더 잘 돌보기 위해 애쓰고 있었다. 약간의 긴장은 늘 있었지만 그런대로 평화로운 일상을 살아내는 중이었다.

   그런데 올 것이 오고야 말았다. 시어머니가 밴쿠버에 방문하게 된 것이다. '외국에 살 때 한 번쯤 여행시켜 드리는 게 도리'라는 마음에 초대했지만, 막상 시어머니의 방문 날짜가 다가오자 부담스러운 마음이 밀려왔다. 한국에서 식사할 때면 함께 자리한 집안 남자들(시아버지, 남편, 아들)이 식사를 마치기가 무섭게 물을 떠다 주곤 하셨던 나의 시어머니. 시어머니는 평생 자식과 남편을 위해 헌신하며 전통적 여성상을 그대로 따라 살아오신 분이었다. 그런 시어머니가 남편이 자신의 빨래를 스스로 개며, 식사 준비를 하고 설거지하는 모습을 어떻게 받아들일지 두려웠다.

나는 시어머니가 와 계시는 동안만이라도 다시 예전으로 돌아가 '착한 아내', '착한 며느리'가 되어볼까 고민했다. 하지만 이제 막 변화가 자리 잡아 가는 시기에 시어머니가 계신다고 다시 예전으로 돌아간다면, 지금까지 거쳐온 갈등들을 또다시 반복해야 할지도 모를 일이었다. 나는 평소대로 자연스럽게 행동하기로 했다. '우리의 변화가 잘못된 것도 아닌데 어머님께 당당히 보여드리고 대화를 나눠보자'고 스스로를 다독였다. 시어머니를 만날 때마다 '착한 며느리'인 척 행동한다면, 칭찬을 받긴 하겠지만 내 마음은 점점 더 시가와 멀어질 것 같았다. 나는 '착한 며느리' 대신 '솔직한 며느리'가 되기로 다짐하고 시어머니와 마주했다.

에피소드1 : 이 나간 그릇

시어머니는 점심 무렵 밴쿠버에 도착하셨다. 남편이 공항에 마중하러 간 사이 나는 아들과 함께 집을 청소하고 식사를 준비했다. 도착하신 시어머니와 진한 인사를 나눈 후 식탁에 둘러앉았다. 나는 평소보다 조금 더 조심스럽고 얌전하게 국과 밥을 담았다. 하지만 잠시 살다 가는 곳이라고 생각해서 집주인이 제공한 이 나간 그릇을 그대로 사용하고 있었던 것이 문제였다. 시어머니는 이 나간 그릇에 음식을 담는 나를 보더니 한 말씀 건네셨다.

"애비랑, 아이 것은 여기에 담지 마라."

순간, 가슴이 턱 막혀왔다. 좋은 것은 남자들의 몫이고 흠 있는 것들은 여자들이 사용해야 한다며 스스로를 낮추는 시어머니의 마음. 내게 희생을 강요하는 것이 아님을 알았지만 답답함이 밀려왔다. 잠시 깊게 숨을 내쉰 후 난, 최대한 웃으면서 "에이, 어머님. 그럼 우리도 여기다 먹지 말아요"라고 말하며 음식을 새로 담아냈다. 그렇게 첫 위기는 지나갔다.

에피소드 2 : 집안일 손도 안 대는 사위

다음 날. 남편은 출근을 하고 시어머니와 나는 오랜만에 둘이서 차 한잔을 하며 이야기꽃을 피웠다. 화제는 시누네였다. 요지는 시누가 아이들 방학 때 시어머니댁에 오래도록 머물다 갔는데 그 이유가 시누의 남편이 집안일을 거들지도, 아이를 봐주지도 않아서 힘들기 때문이라는 거였다. 시어머니는 평생 가족을 위해 희생해온 자신의 모습을 딸이 닮아가는 것 같아 내심 속상해하시는 눈치였다.

"엄마처럼 안 살 거라고 생각했는데 점점 나를 닮아 간다는 말이 마음에 걸리더라. 그래서 내가 일 시작하라고 했어. 일하면서 하고 싶은 것도 하고, 집안일은 가사 도우미 도움받으라고 말이야."

이 말씀에 난 용기를 내어 그동안 우리 집에서 일어난 변화들에 대해서 말씀드렸다. 가정이 아내의 일방적인 보살핌과 희생에 의존하지 않고 서로 함께 보살피며 각자의 독립과 성장을 위한 곳이 되는 게 왜 중요한지, 이를 위해 우리가 어떤 노력을 해왔는지 차근차근 이야기했다. 남편이 집안일을 얼마나 잘하는지, 이런 모습을 배워가는 아들이 얼마나 자랑스러운지, 함께 살림을 하니 부부 사이도 더 좋아진 것 같다고 털어놓았다. 시어머니는 "그렇게 대화로 풀어가고 노력하는 거 보니 좋다. 아범이 찬찬히 집안일도 잘하고 그런다니 좋네"라고 말씀하셨다. 난 시어머니와 여자로서 공감대가 형성된 것 같아 무척 뿌듯했다.

에피소드3 : 내 아들이 설거지를 하다니

그런데 이건 성급한 판단이었다. 며칠 후 저녁 식사를 마친 다음이었다. 시어머니의 반응에 자신감을 얻은 나는 여느 때처럼 식기세척기에 그릇들을 정리해 넣고, 강아지를 산책시키기 위해 집 밖으로 나섰다. 늘 그랬듯, 내가 강아지와 산책하는 동안 남편은 식기세척기를 사용할 수 없는 그릇들을 설거지하고 싱크대 정리를 했다.

산책을 마치고 돌아오니 집안 분위기가 수상했다. 시어머니의 눈가에는 눈물이 고여 있었고, 남편은 하던 이야기를 멈추었다. 내가 의아해하자 남편이 나즈막한 목소리로 말했다.

"엄마가 내가 설거지하고 있는 거 보니까 속상하신가 봐. 그래서 아이를 위해서라도 이런 모습을 보여줘야 한다고 말씀드렸어."

남편의 설명은 고마웠지만, 난 뒤통수를 한 대 맞은 것 같았다. 며칠 전만 해도 시누네 상황을 안타까워하시며 집안일에 관여하지 않는 사위를 나무라셨던 시어머니가 아니었던가. 시어머니는 딸과 며느리를 완전히 다른 기준으로 보고 계셨다. 그 뒤로 시어머니는 남편이 집안일을 할세라 식사 후 자신이 늘 먼저 싱크대로 가셨고, 남편은 자연스레 소파로 가서 앉았다. 내게 아무것도 강요하지 않으셨지만 대신 스스로 감당하셨고, 이런 시어머니의 모습은 내겐 무언의 압박으로 다가왔다. 시어머니가 오시자 아들처럼 행동하는 남편이 얄밉기도 했다.

에피소드4 : 솔직함을 나누다

설거지 사건 후 나는 며칠 동안 제대로 잠을 이룰 수 없었다. 가부장제하에서 희생을 당연히 받아들인 채 살아오신 시어머니의 삶에 연민이 느껴지면서도, 이 멀리 여행 오셔서도 그 삶을 내려놓지 못하는 모습에 답답함과 분노가 함께 올라왔다. 시어머니는 내게 전통적인 며느리, 아내의 역할을 단 한 번도 언어로 강요하신 적이 없었다. 하지만 시어머니가 보여주시는 삶 그 자체는 그렇게 살지 않으려고 노력하는 내게 묘한 죄책감을 유발했다. 어쩌면, 이는 나 자신이 아직도 가부장적 성역할에서 완전히 벗어나지 못했기 때문인지도 모른다.

나는 고민 끝에 시어머니와 좀 더 솔직하게 이야기 나누어야겠다고 생각했다. 마침 밴쿠버를 떠나시기 며칠 전, 둘만 오붓이 있을 시간이 났다. 나는 시어머니께 속상한 일이 있으시냐고 넌지시 물었다. 시어머니의 답변은 솔직하셨다.

"내가 설거지해도 되는 걸 굳이 아범이 한다고 하는데 퇴근하고 와서 설거지하는 걸 보니 좀 그렇더라고."

"왜 어머님이랑 저는 해도 되고 아이 아빠 하면 안 되는데요? 저희 집이니 어머님이 쉬시고 저희가 집안일 해야죠. 남편은 손님이 아니라 집주인이잖아요. 집주인이면 같이 살림도 하고 가정을 가꿔야죠. 왜 여자들만 담당해야 하는데요?"

나는 어머님께 솔직하게 되물었다.

"그러게 말이야. 딸한테 가서는 사위가 집안일 안 하는 게 보기 싫더니, 아들이 집안일하는 거 보고서는 속상해하다니. 나도 내가 가식적이어서 놀랐어. 처음엔 좀 그랬는데 며칠 곰곰이 생각해보니까 네가 현명한 거 같아. 난 평생 그냥 이렇게 살겠거니 하고 살았는데 생각해보니 억울하고 그런 거 다 참고 살아온 게 맞아. 앞으로 살아가는 여자들이 이렇게 살지 않으려면, 너네처럼 하는 게 맞는 거 같아. 좀 서운하기도 했는데, 그렇게 생각 안 하려고 노력하려고."

나는 시어머니의 손을 꼭 잡았다.

나는 1년 만에 만난 시어머니께 '좋은 아내', '착한 며느리'라는

179

칭찬을 받지는 못했다. 하지만 '솔직한 며느리'로 행동하자 시가 식구들 앞에서 분열되고 작아졌던 나 자신을 지켜낸 기분이었다. 나 자신으로 행동한 스스로가 대견했다. 또한 시어머니는 나와 솔직한 대화를 나누면서 자신의 이중 잣대를 깨달으셨고, 가부장제의 부당함에 대해 처음으로 표현하셨다.

가만히 생각해보면, 시어머니는 나의 적이 될 수 없었다. 시어머니는 가부장제의 폐해를 온몸으로 경험한 피해자이자 나의 선배였다. 우리는 정도는 다르지만 비슷한 감정을 공유하는 한국의 여성이었다. 처음으로 시어머니와 연대감 비슷한 걸 느꼈다. 시어머니와 밴쿠버에서 함께했던 시간, 그리고 나누었던 대화들은 내게 강렬하게 오래도록 남았다. 이 경험들은 한국에 돌아온 후 시가와의 관계를 재정립하는 데 많은 영향을 미쳤다.

❞ 다시는 예전으로 돌아갈 수 없다

어느 책에서 누군가 그랬다.

'넓은 세상을 경험한 후에는 절대 예전으로 돌아갈 수 없다.'

캐나다에서 한국으로 돌아가야 할 날을 보름 정도 남겨두고 우리 가족은 밴쿠버의 집을 전부 비웠다. 한국으로 살림살이들을 다시 보냈고 남은 짐은 자동차에 실었다. 우리는 캐나다에서의 마지막 시간을 그렇게 차 한 대에 몸을 싣고 추억이 깃든 장소들을 둘러보며 마무리했다. 남편과 나는 여행 중 새해 카드를 주고받으면서 다짐했다. 이곳에서 배운 것들을 절대 잊지 말자고. 생명과 다양성 존중, 그리고 평등한 관계를 위한 노력을 한국에 가서도 계속 이어가자고. 그런 마음으로 아쉬움과 설렘을 모두 안고, 다시 한국 땅을 밟았다.

걸림돌 1 : 시가 중심 가부장제

대구에서 우리가 살던 집은 이것저것 수리가 필요한 상태였다. 다시 입주하기 전에 공사를 해야 했다. 그래서 우리는 귀국하자마자 우리 집이 아닌 대전의 시가로 향했다. 공사가 마무리될 때까지 보름 정도 시가에 머물며 한국에서의 일상을 준비해야 했다.

남편과의 관계에서 '평등'을 추구해왔던 내게, 귀국 후 곧바로 시가로 가는 일은 묘한 긴장감을 유발했다. 시어머니와 솔직한 대화를 나누며 여성으로서 연대감을 느낀 터였지만, 시가로 들어가는 것은 또 다른 문제였다. 시가에만 가면 나 자신이 사라진 것 같던 그 느낌, 주체가 아닌 '부수적 존재'로 취급받던 불쾌감이 떠올랐다. 나는 비행기에 오르면서 '시가에서도 며느리로만 행동하지 말고 내가 나 스스로를 존중하자'고 다짐했다.

하지만 시가에 도착하는 순간, 나는 의식하지도 못한 채 '며느리'라는 정체감을 발동시키고 말았다. 밤낮이 뒤바뀐 12시간의 비행을 하고 시가에 도착한 시간은 저녁 식사 무렵이었다. 힘겹게 짐을 나르고 우리가 쓸 방에 짐을 쌓아 둔 뒤 남편과 아이는 소파에 앉아 시아버지와 두런두런 이야기를 나누었다. 나는 자동으로 주방에 갔다. "피곤할 텐데 좀 쉬어. 오늘 저녁은 내가 준비할게"라며 시어머니는 나를 거실로 내모셨다. 나는 잠시 소파에 앉아보았다. 하지만 오랜만에 온 아들 가족을 위해 이것저것 분주히 음식을 준비하는 시어머니가 혼자 일하시는 모습에 나는 다시 주방으로 갔다. "어머니, 괜찮아요. 얼른 같이 준비해서 밥 먹고 들어가서 쉴게요"라고 말하며 시어머니를 거들었다.

식사를 마친 후에도 마찬가지였다. 이틀 전 밴쿠버에 머물 때까지만 해도 식사 후 자연스레 함께 뒷정리를 하던 남편과 아이는 숟가락만 내려놓고 샤워를 하러 욕실로 향했다. 시아버지 역시 식사를 마치자마자 다시 텔레비전 앞에 가서 앉으셨다. 결국 시어머니와 나만 남아, 먹던 음식을 정리하고 설거지를 했다. 방에 앉아 텔레비전을 보면서 "거기 식혜 좀 떠와 봐!"라고 외치시는 시아버지와 욕실에서 "수건 가져다줘!"라고 외치는 남편과 아들의 시중을 들면서 말이다.

그다음 날도, 또 그다음 날도 비슷했다. 나는 시차 적응이 안 되어 두통에 시달리면서도 매일 이른 아침, 주방에서 달그락 소리만 나면 자동으로 눈이 떠졌다. "들어가서 쉬어라"라는 시어머니의 말씀에도 "잠 한 번 깨면 다시 안 들어요. 괜찮아요"만 연발하며 시가의 각종 집안일을 거들었다.

반면, 남편은 시가에서 '아들 모드'가 발동됐다. 시어머니와 내가 음식을 다 차려놓고 "밥 먹자"고 깨울 때야 겨우 일어나 세수도 하지 않은 채 식사를 하고 텔레비전 앞에 앉아 후식을 받아먹었다. 남편은 시어머니가 제공하는 각종 세탁과 청소, 이부자리 서비스를 당연하게 받아들였다. 나는 이런 남편을 지켜보며 '남편은 자기 본가에서 아무 일도 하지 않는데 한 다리 건넌 내가 먼저 시가의 일에 나서지는 말자'고 다짐하곤 방에서 휴식을 취하려고 노력해 봤다. 하지만 모든 가사와 돌봄노동을 혼자 감당하시는 시어머니를 지켜보고 있을 만큼 내 마음은 단단하지 않았다. 결국 나는 다시 시어머니와 함께 앞치마를 두르곤 했다.

걸림돌 2 : 집단주의적 회식 문화

동시에 남편의 회식이 재개됐다. 우리는 대전의 시가에 머물고 있었고, 남편의 직장은 대구에 있었다. 남편의 직장 복귀는 대구에 있는 우리 집의 공사가 모두 마무리되고 이삿짐 정리도 모두 마친 한 달 후로 예정되어 있었다. 나는 복귀 전까지는 남편이 보금자리를 가꾸는 일에 집중할 줄 알았다.

하지만 예상은 빗나갔다. 귀국 소식이 전해지자마자 남편의 직장에서는 '귀국 환영회'를 연이어 열어줬다. 남편은 시차에 적응하기도 전인 귀국 3일 후부터 거의 매일 오후만 되면 대전에서 대구까지 회식을 갔고 술에 취해 대전의 시가로 돌아왔다. 남편은 회식 관련해 전화가 오면 이상하게도 "현재 대전에 머물고 있어서 참석하기 힘들다"는 말을 하지 못했다. 자신을 위한 회식이니 무조건 가야 한다고 했지만, 나는 그 점이 이상했다. 남편을 위한 회식이라면 남편이 충분히 시차 적응을 하고 회식에 참석할 형편이 될 때까지 기다려줘야 하는 것 아닌가. 하지만 한국의 직장 문화에서 개인의 개별성은 인정되지 않았다. 집단이 결정한 일에 맞추어 가는 것, 나의 개별성을 누르고 회사의 요구에 따르는 것이 미덕이었다.

밴쿠버에 머무는 2년 가까운 시간 동안 잊고 있었던 '회식 트라우마'가 나를 찾아왔다. 악몽 같던 그날의 기억이 다시 떠올랐다. 아이가 첫 돌이 되었을 무렵이었다. 회식에 간 남편이 유난히 늦었다. 새벽 1시가 넘었는데도 아무런 소식이 없어 나는 전화를 걸었다. 응답이 없었다. 나는 답답한 마음에 30분 후 다시 전화를 걸었다. 다행히 남편은 전화를 받았고 "언제 와?"라는 내 말에 뭐라 뭐라 했던 것 같다. 그런데 갑자기 퍽 소리가 나더니 전화가 뚝 끊기는 게 아닌가. 술에 취한 남성을 대상으로 한 '퍽치기' 범죄 소식을 들었던 터라 나는 가슴이 철렁했다. 여러 차례 다시 전화를 걸었지만, 남편은 받지 않았다. 나는 안절부절못하다 잠든 아이를 놔둔 채 집을 나섰다. 현관문을 열자마자 나는 소스라치게 놀랐다. 아파트 복도에 웬 남자가 쓰러져 있는 게 아닌가. 남편이었다.

주량이 세지 않은 남편은 그날따라 못 이길 만큼 술을 마셨고 집 바로 앞에서 '전사'하고 만 것이었다. 한국 사회라면 누구나 한 번씩 겪는 술과 관련된 '무용담'쯤으로 회자될 사연일지도 모르겠다. 하지만 나는 웃어넘길 수 없었다. 자신의 몸도 가누지 못할 만큼 술을 마셔야 하는 분위기가 무척 폭력적이라고 느껴졌다. 이날 이후로 나는 남편이 술을 마시는 날엔 그가 집에 들어올 때까지 불안에 시달리며 잠을 잘 이루지 못했다.

185

나는 이런 불안을 캐나다에 머무는 동안 까마득히 잊고 살았다. 캐나다에서 음주는 엄격히 통제되고 있었다. 알코올이 들어간 음료는 마트나 편의점이 아닌 전문 스토어에서만 구매가 가능했다. 음주가 허용된 장소 외의 공공장소, 그러니까 공원이나 등산로 등에서 술을 마시는 것은 단속대상이었다. 술을 먹고 휘청거리며 거리를 돌아다니고, 길바닥에 구토하는 일은 '나는 알코올 중독자'라고 말하고 다니는 것과 다름없었다. 당연히 지난 2년간 남편이 과다하게 음주한 일은 한 차례도 없었다.

하지만 한국에 귀국한 지 3일 후부터 나의 불안은 다시 발동됐다. 나는 여전히 남편의 회식날이면, 남편이 현관문의 도어록을 누르는 소리를 듣고 난 뒤에야 깊이 잠들 수 있었다. 일주일에 2~3번, 많게는 5일 내내 업무 후 회식을 하는 직장 문화 속에서 남편이 가사와 육아에 임하는 시간은 현격히 줄어들어 갔다.

걸림돌 3 : 대단한 남편 vs 복 받은 아내

집 공사가 끝나고 캐나다에서 이삿짐이 도착했다. 우리는 새롭게 보금자리를 꾸몄고 3월부터 본격적으로 친구들 및 이웃들과 귀국 인사를 나눴다. 가족 모두가 친한 몇몇 이웃들은 집으로 초대하기도 했다. 시가에서와는 달리, 집에 있을 때 남편은 캐나다에서와 별반 다르지 않았다. 캐나다에서 노력한 것들은 이미 우리 부부의 몸에 배어 있는 상태였고 이웃들을 집으로 초대할 때마다 우리는 함께 주방에서 음식 준비를 했다. 특히 남편은 과일을 나보다 예쁘게 잘 깎아서, 식사 후에는 늘 남편이 각종 후식들을 준비해서 내왔다. 그럴 때마다 이웃들은 한마디씩 했다.

"우와! 과일을 이렇게 잘 깎으세요? 우리 집 남편은 귤만 깔 줄 아는데 대단하세요."

"자기는 진짜 좋겠다. 남편이 너무 가정적이야."

"남편한테 잘해! 너무 멋지세요!"

나는 이런 반응들이 당황스러웠다. 내가 과일을 깎아서 내왔다면 분명 이런 반응은 아니었을 터였다. 어쩌면 속으로 '무슨 여자가 과일을 이렇게 못 깎아'라고 흉봤을지도 모를 일이었다.

한번은 내가 집단상담을 진행해야 하는 일요일에 아이 친구의 생일 파티가 있었다. 나는 일을 해야 했기에 자연스레 남편이 아이를 데리고 생일 파티에 참석했다. 남편은 아이만 데려다주고 나오려고 했지만, 자리에 참석한 엄마들이 함께 이야기하자고 해서 그들과 담소를 나누었다고 했다. 그날 저녁, 생일 파티 초대를 위해 만들어진 단톡방엔 남편에 대한 칭찬이 넘쳐났다.

'은성이 아버지 너무 자상하시던데요?'

'우리 남편은 애들 모임에 안 가는데. 아빠가 아이랑 있는 게 너무 자연스러워서 부러웠어요.'

'은성 아빠 넘 멋져요.'

나는 이런 칭찬들이 기쁘기보다 불편했다. 아이의 모임에 엄마가 가는 건 지극히 당연한 일이고 아빠가 어쩌다 한 번 참석한 건 이렇게 대단한 일이라니. 이런 반응 자체가 '육아는 엄마의 몫'이라는 편견을 증명해보이는 것이었다.

우리는 평등을 추구했지만 한국에 돌아오자 남편은 '대단한 사람'이 됐고 나는 '복 받은 아내'가 되고 말았다. 처음엔 이런 반응들이 그저 답답할 뿐이었다. 그런데 반복해서 이런 피드백을 받자 '내 안의 가부장'이 다시금 소리내기 시작했다. '남편이 캐나다에서보다 훨씬 바쁘게 일하잖아. 그런 남편이 저 정도로 집안일을 도우면 그건 정말 대단한 거야.' '너, 남편한테 너무한 거 아니니?' '복 받은 줄 알고 남편에게 감사해.' 내 안의 가부장은 내게 종종 이렇게 속삭여왔다. 캐나다에서는 당연했던 일들이 어느새 감사해야 할 일이 되어가고 있었다. 나쁜 아내가 된 것 같다는 죄책감이 스멀스멀 다시 올라왔다.

하지만 나는 예전과는 달라져 있었다. 죄책감이 느껴질 때마다 이건 진짜 미안해할 일이 아니라 '내 안의 가부장'이 작동하고 있는 것임을 기억해 낼 수 있었다. 오랫동안 내면화된 '가부장'의 요구를 따르기 시작한다면 지난 2년 간 실천해온 평등한 관계를 위한 노력이 한순간에 무너질 터였다. 나는 다시금 긴장의 고삐를 당겼다. 그리고 끊임없이 말을 건네는 내 안의 가부장에게 이렇게 속삭여주었다.

'내가 나의 삶을 사는 건 절대 미안한 일일 수 없어. 남편이 가사

와 육아를 함께하는 건 대단한 일이 아니라 자연스러운 일이야.'

'넓은 세상을 경험한 후에는 절대 예전으로 돌아갈 수 없다'는 어느 책의 구절은 반은 맞고 반은 틀렸다. 넓은 세상과는 많이 다른, 예전 같은 환경에서 새롭게 알게 된 방식으로 살기 위해서는 결코 '긴장을 늦추지 않아야' 한다. 한국의 특수한 분위기, 그러니까 시가 중심 가부장제, 집단주의적 회식 문화, 확고하게 이분화된 성역할은 우리의 노력을 위협해왔다. 이 위협에서 벗어나기 위해 나는 여전히 긴장 중이다. 아마도 내 안의 가부장이 부추기는 죄책감이 사라지고 가사와 육아에 함께하는 남편이 '평범한 남편'으로 인식될 때까지 나는 이 긴장감을 늦추지 못할 듯하다.

누구나 충분히 멋진 사람이다

"나는 충분히 멋진 사람이에요."

요즘도 종종 떠오르는 영화 〈크레이지 리치 아시안〉의 주인공 레이첼의 대사다. 이 영화는 개인을 존중하는 서구 문화 속에서 성장한 레이첼이 가족주의를 신봉하는 아시아계 남자친구 닉의 가족들을 만나 벌어지는 해프닝을 다뤘다.

경제학 교수로서 당당하게 살아온 레이첼은 결혼을 전제로 닉의 가족들을 만났다가 가족보다 자신의 삶을 더 소중히 여긴다는 이유로 냉대를 받는다. 이에 충격을 받은 레이첼은 절친한 친구 펙린고에게 고민을 털어놓는다. 펙린고는 레이첼에게 이렇게 조언한다. "예비 시어머니에게 귀염받는 게 아니라 한 사람의 개인으로 존중받는 게 중요한 거야. 경제학을 가르치는 세련된 교수. 그걸 보여주란 말이야."

그녀는 이 충고를 받아들인다. '충분히 멋진 나'를 지키기 위해 남자친구와의 이별까지 감수하며 자기 자신을 선택한다. 그러자 반전이 일어난다. 레이첼의 당당한 태도는 시가에 울림을 주고 영화는 해피엔딩으로 마무리된다.

한국에 돌아온 후, 나는 다시금 전통적 성역할과 시가 중심 가부장제에 갇힌 느낌이 들었다. 저녁 5시면 퇴근해서 함께 집안일을 하고 아이와 시간을 보냈던 남편은 한국에 돌아오자마자 회식과 야근으로 얼룩진 '저녁 없는 삶'으로 돌아갔다. 자연스레 아이를 돌보는 일, 매일의 식사 준비와 청소, 빨래 등이 다시 나의 몫으로 돌아왔다. 물론, 주말이나 일찍 퇴근한 날, 집에 함께 머무는 동안 남편은 캐나다에서 몸에 익힌 것들을 성실히 실천했다. 하지만 '회사 중심'의 삶은 우리가 함께할 시간을 빼앗았다.

시가와의 관계도 별로 변한 게 없었다. 시부모님은 '바쁜 남편'을 대신해 온갖 집안의 잡다한 일을 내게 전화해 알렸고 종종 우리의 식사 메뉴를 물으며 내가 남편을 잘 챙기는지 확인하셨다. 캐나다에서는 모른 척 지내도 괜찮았던 시가의 각종 집안 행사에 참여하게 되면서 그때마다 나는 내가 '부수적 존재'가 되어버린 듯한 불편함을 강하게 느꼈다.

나는 그럴 때마다 〈크레이지 리치 아시안〉의 주인공 레이첼을 떠올렸다. 내가 나를 존중해주지 않는다면 또다시 예전으로 돌아갈 것만 같았다. "나는 충분히 멋진 사람이에요." 레이첼이 지킨 이 말을 나도 지켜낼 방법을 찾아야 했다.

나만의 공간 만들기

 첫 번째로 내가 찾은 방법은 집 안에 '나만의 공간 만들기'였다. 남편이 바빠질수록 집안에서 내가 감당해야 할 돌봄의 양은 많아졌다. 동시에 중단되었던 나의 커리어도 이어가야 했다. 나는 한 대학의 학생상담센터에서 일을 시작했고 대학원 복학을 위해 논문도 읽고 통계 공부도 해야만 했다. 다시금 다중역할의 고단함 속으로 빨려 들어갔다. 캐나다에서 실천했던 나의 가치 등은 생각할 겨를이 없었다. 바쁘게 움직이면서도 마음은 공허한 시간이 다시 찾아왔다. 나는 위협을 느꼈다. '나다움'을 유지할 시간과 공간이 절실했다.

 그래서 나는 우리 집의 작은 방 하나를 오롯이 '나만의 공간'으로 만들었다. 예전에 가족 모두의 공동 서재로 활용하던 공간에 나만을 위한 것들을 두었다. 책상과 책장을 설치했고, 편한 자세로 책을 읽고 휴식할 수 있는 작은 소파와 테이블을 마련했다. 내가 좋아하는 책들로 책장을 채우고 소파엔 포근한 무릎 담요 하나도 가져다 두었다. 좋아하는 사진과 그림도 벽에 걸었다. 내 공간을 꾸미면서 나는 중학교 때 처음으로 내 방을 가졌을 때처럼 설렜다. 결혼 후 13년 만에 처음 가져보는 나만의 공간이었다.

 우리 집을 방문한 가까운 이웃들과 친구들은 이 방을 보고서는 당연하다는 듯이 내게 이렇게 물었다.

 "여긴 남편 서재지? 남편 취향이 참 아기자기하네."

그들은 내가 "아니요, 제 방이에요"라고 대답하면 '뜨악'한 표정을 지었다. 대부분의 집에서 서재는 '남편' 혹은 '아빠'의 공간이다. 설령 남편이 종일 밖에서 일하고 집에선 텔레비전을 보거나 잠만 잔다고 할지라도 남편은 자신만의 공간에서 휴식을 취할 권리를 누린다. 하지만 많은 시간을 집에서 보내는 엄마가 집안에 자신의 공간을 마련한 경우는 거의 보지 못했다. 이웃들의 당황한 표정이 이해되면서도 '엄마의 공간'은 없는 관행이 어디서 비롯된 것인지 의아하기만 했다.

어쨌든 이 방은 지금까지 내게 글을 쓰고, 상담사례를 정리하는 일터이자, 공부하고 책을 보며 바쁜 일상에서 '온전한 나'를 만나는 공간이 되어 주고 있다. 시가와의 관계에서 '부수적 존재'가 된 것 같은 자괴감이 밀려올 때, 남편이 하기로 했던 집안일들이 쌓여가는 것을 보며 화가 날 때, 그러면서 '내 안의 가부장'이 유발하는 죄책감이 불쑥 나를 사로잡을 때, 나는 이 방으로 숨어든다. 이 방에서 내가 누구인지 느끼고 '나는 충분히 멋진 사람'임을 기억해내면서 주체가 되어 살기 위한 힘을 다시금 얻는다.

시가에서 나를 존중하기

또 하나 고민은 시가에서의 내 모습이었다. 집에서는 남편과 평등한 관계가 어느 정도 유지되고 있었지만 시가에 가면 완전히 달라졌다. 시가에서 나는 여전히 한 사람이 아닌 '며느리'라는 역할로만 존재했다. 그 집안의 아들인 남편이 오직 자기 자신에게만 집중해서 살 수 있도록 집안 각종 대소사를 대신 처리하고 돌봄을 제공하는 그런 존재 말이다. 그곳에서 나는 자동으로 시종과 같은 며느리 역할을 하고 있었고, 시가에 가지 않을 때도 시어머니에게 남편과 아이의 안부를 전하는 일을 맡아서 했다.

나는 이런 내 모습을 찬찬히 바라보았다. 도대체 내가 왜 시가에서 자진하여 '하인'이 되는 건지, 누가 내게 이렇게 해야 한다고 강요한 건지 생각해봤다. 생각 끝에 도달한 결론은 '아무도 내게 하인이 되라고 시킨 적이 없다는 것'이었다. 처음부터 나 스스로가 한 일이었다. 엄밀히 말하면 오랫동안 내 마음을 지배해온 '내 안의 가부장'이 내린 명령을 내가 그대로 따라서 한 일들이었다. 그래서 나는 결혼 전 시가에 인사 가기 위해 과일 깎는 연습을 했고, 아들의 여자친구, 그러니까 순수한 손님 신분일 때도 손수 나서 설거지를 했다. 아무도 시키지 않은 일을 했던 게 이제는 몸에 배었고 시가에서도 당연한 것으로 여기게 되지 않았을까.

나는 이 깨달음을 남편에게 이야기했다.

"생각해보니까 내가 시가에 갈 때마다 억울한 느낌이 드는 건 내가 자처한 일 같아. 어머님은 한 번도 내게 무엇을 하라고 시키신 적이 없어. 그냥 내가 했던 거지. 그러면서도 계속 억울한 느낌이 들었어. 이젠 이런 걸 멈추고 싶어. 시가에서도 나는 그냥 '나'로 존재하고 싶어."

캐나다에서 겪은 경험으로 가부장 문화의 폐해를 잘 알게 된 남편은 이에 동의해줬다.

"그때는 우리가 몰랐으니까 그렇게 행동했지. 이제는 그게 잘못됐다는 걸 알잖아. 그러니까 바꿔가야지."

우리는 어떻게 하면 이를 바꿔나갈 수 있을지 이야기 나눴다. 나는 어머니가 특별히 시키거나 부탁하시는 일이 아니면 먼저 나서서 앞치마를 두르지 않기로 했다. 대신, 그 집안의 아들인 그러니까 나보다 가사를 함께할 책임이 더 큰 남편이 먼저 나서기로 했다. 식사를 마치고 남편이 설거지하겠다고 나서면 그다음에 내가 합류해 남편을 도와 함께하기로 약속했다. 스스로를 며느리가 아닌 그 집안의 손님으로 대접해주기로 한 거였다. 사위가 처가에서 손님으로 대접받듯 말이다.

시가에서 이를 실천하는 건 여전히 쉽지 않은 일이긴 하다. 남편과 나는 매번 시가에 갈 때마다 우리의 약속을 상기하지만 남편의 마음 깊이 자리 잡은 아들로서의 정체감은 시가에서 불쑥불쑥 튀어나왔다. 나 역시 내 안의 가부장이 요구하는 며느리 역할을 나도 모르게 따르곤 했다. 하지만 아주 조금씩 변하고 있다. 시어머니가 새벽에 일어나도 나는 남편과 함께 좀 더 잠을 잘 수 있게 됐고 시가에서 주방이 아닌 거실에 앉아 있는 시간이 조금 늘었다. 시어머니가 "들어가 쉬어라"라고 하시면, "네, 알겠습니다"하고 얼른 방에 들어가 책을 읽거나 낮잠을 자기도 한다. 내가 먼저 설거지를 하지 않겠다고 선언하자 남편은 시가를 방문할 때마다 외식을 추진하고 있다.

또 하나. 내가 아내, 며느리, 엄마가 아닌 다른 정체감도 지닌 '한 사람'임을 시가에 보여주기로 했다. 남편은 의도적으로 시가에서 내가 하는 일과 공부, 이를 통해 얻은 성취에 관해 이야기 꺼낸다. 나 역시 시어머니께 전화가 왔을 때 예전처럼 하던 일을 중단하고 전화를 받진 않는다. "어머니, 저 10분 후에 상담이어서 용건만 말씀해주세요"라고 부탁하기도 하고, 원고 작업에 몰두하고 있을 때는 시어머니의 전화를 '씹는' 용기도 내봤다. 나중에 여유 있을 때 전화를 드려 "아까는 제가 글을 쓰고 있어서 중단하기가 쉽지 않았어요"라고 말씀드리고 통화하곤 했다. 그러자 어머니도 조금 달라지셨다. 요즘엔 무턱대고 전화를 걸기 보다 문자나 카톡으로 '통화 가능하니?'라고 먼저 물으신다.

영화 〈크레이지 리치 아시안〉의 레이첼 친구 펙린고의 말이 정말 맞았다. '며느리'로 귀염받기를 포기하고 '나 자신'으로 존중받기를 선택하니 시가와 나의 관계는 조금씩 달라지고 있다.

물론 여전히 예전으로 돌아가길 바라는 '내 안의 가부장'의 힘은 거세다. 하지만 정신분석의 창시자 프로이트가 그랬듯, 무의식을 '의식화'하면 그 무의식은 점차 힘을 잃는다. 프로이트는 무의식을 의식화한 후에는 '훈습'이 매우 중요하다고 강조한다. 정신분석에서의 훈습이란, 일상에서 반복적으로 내게 영향을 미치는 무의식

196

을 알아차리고 인식하며 의도적으로 이를 따라가지 않기 위해 노력하는 것을 말한다. 프로이트는 반복된 훈습을 통해 무의식의 지배에서 벗어나 좀 더 온전한 나로 살아갈 수 있다고 했다.

나는, 우리 부부는 여전히 훈습 중이다. 아마도 이 훈습이 끝나려면 매우 오랜 시간이 걸릴 것 같다. 하지만 이런 과정을 통해 조금씩 조금씩 가부장제에서 해방되어 갈 수 있으리라 믿는다.

5장

통합

'나답게' 산다는 것

'엄마'가 아닌 '나'로서 꾸는 꿈

귀국한 지 한 달쯤 되던 날. 나는 오마이뉴스의 '올해의 뉴스 게릴라상' 시상식에 참석하기 위해 대구에서 서울로 가는 KTX에 몸을 실었다. 공적인 글들을 기고해왔던 오마이뉴스로부터 그해 활약을 가장 많이 한 시민기자 중 한 명으로 선정됐다는 연락을 받았던 터였다. 매끄럽게 속력을 내는 기차의 창문 사이로 다양한 풍경들이 스쳐 지나갔다. 내게 이동수단 안에서의 곤한 낮잠은 중요한 피로 회복 수단이다. 이 때문에 기차가 안정적으로 속력을 낼 때쯤엔 휴대폰을 방해금지 모드로 해둔 채 잠을 청하곤 했다. 하지만 이날은 진동 모드로만 해두었다. 그러고도 혹시 기차의 진동 때문에 울리는 전화를 확인하지 못할까 봐 전전긍긍하며 휴대폰만 바라보고 있었다.

옆자리에 동승한 곧 5학년이 되는 아들 녀석은 나와는 완전히 달랐다. 가방에 넣어온 책을 꺼내더니 금세 독서 삼매경에 빠져들었다. '언제 저렇게 컸지?'라는 생각이 들었다. 캐나다에 다녀오기 전인 2년 전만 해도 기차 안에서 지루함을 달래주기 위해 이것저것 챙겨 와야 했던 아이였다. 아이와 기차를 탈 때면 소리 안 나게 보드게임을 해줘야 했고, 혹시라도 투정 부리거나 큰소리를 낼까 봐 조마조마했던 게 엊그제 같은데 지금 아들은 나보다도 더 어른스럽게 기차 여행을 하고 있었다.

"엄마가 상담하고 글 쓰게 되어 기뻐요!"

그때였다. 며칠 동안 휴대폰만 들여다보게 했던 그토록 기다리던 문자메시지가 왔다. '객원상담원 모집에 합격하셨습니다. 다음 주 예정인 오리엔테이션에 참석해주시기 바랍니다.' 나는 기차 안에서 아들을 붙잡고 기쁨을 만끽했다. "아들! 이거 봐봐!" 아들은 잠시 책 읽기를 중단하고 함박웃음을 지으며 나를 꼭 안아주었다. "엄마, 진짜 진짜 축하해!"

'상담심리사.' 결혼하고 임신하고 아이를 돌보면서 내가 어렵게 획득한 사회적 정체감이었다. 자격증을 취득한 후 육아와 살림을 병행하느라 전일제로 일하진 못했지만 이 정체감은 근 10년간 나를 든든하게 지켜주고 있었다. 하지만 남편의 해외 연수로 캐나다에 가면서 나의 사회적 정체감은 사라졌었다.

캐나다라는 새로운 환경에서 새로운 일상을 살아가는 일도 좋았지만, 상담심리사라는 정체감이 사라진 느낌은 캐나다에 머무르는 내내 나를 불안하게 했다. 그래서 캐나다에서도 워크숍에 참석하고 한국의 소속 학회 사이트를 수시로 드나들며 귀국 후의 일자리들을 봐두곤 했다. 귀국을 준비하면서부터 이력서와 자기소개서를 여기저기 냈지만 워낙 알음알음 소개받아 연결되는 일자리가 많은 탓인지 원하는 연락은 거의 받지 못한 상태였다. 그런데 드디어 이 불안감을 싹 가시게 해준 문자 한 통을 받은 것이다. 일자리를 구한 기쁨을 넘어서 정체감을 다시 찾은 것 같은 뿌듯함이 밀려왔다.

대구에서 서울까지. KTX가 달리는 1시간 45분 동안 내 마음은 180도 달라져 있었다. 그렇게 뿌듯함으로 꽉 채워졌지만 더없이 가벼운 마음으로 시상식장에 도착했다. 시상식에는 한 해 동안 활약한 필진이 모두 모여 있었다. 여느 시상식과 다르게 상은 이미 각자의 자리에 놓여 있었고, 호명되면 수상자는 앞으로 나가 긴 수상 소감을 말하는 형식으로 진행됐다. 상을 받기보다는 글 쓰는 이로서의 마음가짐을 다지는 자리 같은 느낌이었다. 매 수상 소감마다 감동과 힘이 있었고 마침내 내 차례가 돌아왔다.

조금은 긴장된 마음으로 걸어 나가는데 쑥스러움 많은 아이가 웬일로 나를 따라 나왔다. '글쓰기로 일상의 의미를 찾았다'는 요지의 수상 소감을 말한 것으로 기억난다. 정말 그랬다. '경단녀'로 살았던 캐나다에서의 시간 동안 글을 쓰지 않았더라면 내 불안감은 더 커졌을 것이다. 글쓰기는 사회적 정체감을 잃은 나를 세상과 이어주고 내 일상에 생기를 불어넣었다. 벅찬 마음으로 말을 마치자 사회자가 아이에게 마이크를 넘겼다. 엄마가 상을 받은 것에 대한 생각을 묻는 말에 아이는 또박또박 이렇게 답했다.

"엄마가 상담이랑 글 쓰는 것을 같이 하고 싶어 했는데 엄마가 꿈을 이루게 돼서 기뻐요."

아들의 말을 듣고 있는데 갑자기 눈물이 핑 돌면서 뭉클해졌다. '꿈.' 나에게 꿈이 있었을까? 상담을 하고 글을 쓰는 것. 이것이 정말 나의 꿈이었을까? 그리고 나는 지금 꿈을 이룬 걸까? 곰곰이 생각하고 또 생각했다. 지난 시간들이 스쳐 지나갔다.

나의 꿈들

"너는 꿈이 뭐니?" 어린 시절 어른들은 내게 종종 이런 질문을 던졌다. 초등학교 시절, 이 질문에 대한 내 대답은 수시로 바뀌었다. 피아니스트, 선생님, 판사, 의사, 기자 등 그 시기에 내가 흥미 있었던 것이 내 꿈이 되었다. 중학교에 입학하면서 나는 꿈에 대해 좀 더 현실적인 생각을 하게 됐다. 글쓰기와 사람 만나기를 좋아하니 두 가지를 함께하면서 안정적인 소득을 올릴 수 있는 직업을 찾았다. 막내 이모가 가지고 있던 직업. '기자'라는 직업이 눈에 확 들어왔다. 그 후로 10년간 나는 기자가 되기 위해 매진했다. 그리고 대학을 졸업하고 나는 정말로 기자가 되었다. 나는 내가 꿈을 이룬 사람이라고 생각했다.

하지만 7년간 기자 생활을 하면서 느낀 건 '이게 꿈을 이룬 삶일까?'라는 의심이었다. 처음 3년간은 '기자가 되었다'는 자부심에 마냥 행복했지만 시간이 흐를수록 내가 하는 일의 의미가 무엇인지 정말 이렇게 살아도 되는 건지 의구심만 늘어났다. 글 쓰는 일은 여전히 좋았지만 내가 쓰는 글이 어떤 의미가 있는지 알 수 없었다. 그러던 중 여러 가지 통로로 '상담심리사'라는 직업을 알게 됐고, 누군가의 마음에 힘이 되는 일을 하면 나도 힘이 날 것 같다는 생각이 들었다. 진실한 소통을 통해 누군가가 성장하는 모습을 지켜보면 나 역시 보다 나은 사람으로 살아갈 수 있을 것만 같았다.

그렇게 나의 30대는 시작되었다. 결혼을 했고 기자직을 그만두었으며 '상담심리사'라는 새로운 진로를 개척하면서 동시에 나는 엄마가 되었다. 시가 중심 가부장제에 의해 유지되는 결혼제도 속에 편입되어 여전히 우리 사회에 팽배한 '모성신화'에 갇힌 채로 '상담심리사'가 되는 길은 무척 험난했다. '기자'라는 꿈을 준비했을 땐 오로지 '나'만 생각하면 됐지만 '상담심리사'가 되어가는 길은 아내, 엄마, 며느리라는 새롭게 부여된 역할과 수시로 충돌했다.

그럼에도 명백한 건 사회적 정체감을 찾아가는 길이 중단되었을 때 느껴지는 불안과 우울은 다중역할의 피로감보다 훨씬 더 견디기 힘들다는 점이었다. 그래서 나는 상담사로 일하기를 결코 멈추지 않았다. 하지만 상담사의 일에 익숙해지자 공허감이 다시 찾아왔다. 아이가 초등학교에 입학하면서 나는 박사과정에 진학했지만 허전한 느낌은 계속됐다.

밴쿠버로 이사하기 위해 집을 정리하던 날이었다. 나는 창고 안에 깊숙이 놓아둔 박스들을 꺼냈다. 뚜껑을 열었을 때 마음이 내려앉는 것 같았다. 내가 썼던 글들이 들어 있었다. 신문사를 다닐 때 썼던 기사들을 스크랩해놓은 것부터 영화주간지 시절에 만들었던 잡지까지. 내가 쓴 글들이 차곡차곡 쌓여있었다. 또 다른 박스에는 어린 시절 내가 쓴 일기들과 백일장 대회에서 썼던 글들이 들어 있었다. '쿵'하고 내려앉았던 가슴이 두근거리기 시작했다. 그랬다. 나는 글 쓰는 사람이었다. 글을 쓰며 느꼈던 희열을 다시 느끼고 싶었다.

이 느낌을 간직한 채 나는 남편을 따라 캐나다에 갔고 그곳에서 '오마이뉴스'에 글을 써서 보내기 시작했다. 나의 글이 다시 매체를 통해 세상에 알려졌을 때 그 짜릿함을 지금도 잊을 수 없다. 캐나다에서 나는 상담은 하지 않았지만 글을 쓰고 페미니즘을 공부했다. 그러면서 직업 없이도 '나답다'고 느낄 수 있었다.

꿈을 이룬다는 것

지금의 나는 기껏 시간제 상담사 자리를 다시 얻은 것에 안도하고 있었고 매체에 내가 쓴 글이 채택되는 것만으로도 기쁨을 느꼈다. 내 나이 불혹을 넘어섰지만 유명한 상담가가 된 것도 저명한 작가가 된 것도 아니었다. 처음 만나는 사람에게 건넬 명함조차 없었다. 그런데 아들은 지금 이런 나를 보고 "꿈을 이뤘다"고 말해주고 있었다.

이게 꿈을 이룬 것이라니, 이렇게 소박하게 사는 게 내 꿈이었다니 반박하고 싶기도 했다. 그런데 막상 반박하려니 말이 떠오르지 않았다. 나는 지금 그 어느 때보다 '나답다'고 느끼고 있었다. 그동안 내가 써서 보낸 글들 덕분에 상을 받았으니 작가로서 인정받는 기분이었다. 또한, 채용 통보를 받았으니 곧 다시 '상담사'로서 일하게 될 예정이었다. 상담과 글. 아이의 말대로 내가 하고 싶었던 두 가지로 인정받는 그런 날이었다. 게다가 이런 내 모습을 자랑스럽게 바라봐주는 아이가 있었다. 상담사, 작가, 엄마. 세 가지 정체감이 하나로 만났던 날이었다.

인간중심상담의 창시자 칼 로저스(내가 가장 존경하는 상담사이자 심리학자이다. 현재 상담의 근간을 이루는 상담사의 세 가지 태도인 진정성, 공감, 무조건적인 긍정적 존중을 정립했다)는 사람들이 궁극적으로 추구하는 건 '진정한 나 자신'이 되는 것이라고 했다. 그리고 이는 결과가 아니라 과정이며, 사람은 평생토록 나 자신이 되어가면서 성장하는 것이라 강조했다. 나는 평등과 다양성 존중에 대한 경험과 생각들을 글로 쓰며 살고 있다. 또한 상담을 통해 사람들의 성장을 돕는 일을 하고 있다. 일상에서는 내가 중요하게 여기는 가치인 평등을 실천하며 살기 위해 노력하고 있다. 이게 나였다. '진정한 내가 되어가는 것'이 느껴졌다. 나의 궁극적인 꿈은 어릴 때 꿈이라고 믿던 특정한 직업이 아니었다. 로저스의 말처럼 '나 자신이 되어가는 것'. 그것이 궁극의 꿈이었다. 아이의 말이 맞았다. 나는 꿈을 이루어가고 있었다.

시상식을 마치고 대구로 돌아오는 늦은 시간의 기차 안. 잠든 아이를 바라보았다. 뭉클함이 밀려왔다. 한때 버거워 벗어나고 싶기만 했던 엄마라는 자리. 하지만 지금 난 아이 덕분에, 그러니까 내가 엄마이기 때문에 나의 꿈을 분명히 깨달을 수 있었다. 30대를 지나면서 분열되었던 나의 정체감은 40대가 시작되면서 이렇게 다시 통합되어가고 있었다. 충만함이 나를 감싸 안았다.

'직장'이 없다고 '일'도 없는 건 아니다

2년이라는 짧지 않은 시간 동안 떠나 있었어도 태어나서 자란 이곳, 한국이 주는 익숙함은 여전했다. 우리 가족은 며칠간 여행을 다녀온 것처럼 자연스럽게 한국의 일상에 스며들었다. 남편은 다시금 치열하게 일하기 시작했고, 나 역시 새로운 파트타임 상담사 자리에 금세 적응했다. 캐나다에서 시작한 각종 글쓰기 작업도 계속 해나갔다. 아이는 한 치의 망설임도 없이 한국의 학교 시스템에 동화되어갔다.

벚꽃이 지기 시작하던 지난봄. 나는 늘 곁에서 지지가 되어주는 지인들과의 만남을 앞두고 있었다. 서로 바쁜 일정 때문에 귀국 후 두 달이 넘도록 인사조차 나누지 못하다 어렵사리 시간을 맞춘 자리였다. 남편도 잘 알고 있는 여성들이기에 나는 그날 아침 식사 도중 남편에게 이들과 만난다고 말했다. 함께 점심을 먹은 후 커피 한 잔씩 들고 집 근처 수성못을 걸으며 벚꽃을 즐길 예정이라고 말이다. 그러자 남편은 이렇게 반응했다.

"공통점이 있네. 다 집에서 노는 여자들이구먼!"

헉! 지난 2년간 그토록 가사와 돌봄의 중요성에 대해 함께 이야기 나누고 평등한 관계를 만들기 위해 노력해온 바로 그 남편의 입에서 나온 말이라니. 도무지 믿기지 않았다.

'일 = 직장'이라는 인식

그날 만나기로 한 멤버들의 이력은 이랬다. 한 명은 수험생 두 아이의 엄마로 전업주부를 하며 모든 살림을 도맡아 했다. 아이들의 공부 뒷바라지는 물론, 장거리를 통근하는 남편을 기차역까지 태워다 주고 마중 나가는 일도 했다. 또 다른 멤버는 어린아이를 둔 엄마로 교사 자격증을 가진 여성이다. 아이를 직접 돌보고 싶어 완전한 복직은 하지 않았지만 간간이 기간제 교사로 일하면서 자신의 경력을 이어가고 있었다. 나 역시 상담하고 글을 쓰며 나만의 커리어를 쌓아가는 중이었다. 내 생각에 우리 셋 중 '노는 사람'은 아무도 없었다.

나는 남편에게 즉각 반박했다.

"우리가 논다고? 집안일 해봤으면서 그런 소리를 해? 특정한 직장에 소속되진 않았지만 우리는 각자의 자리에서 일을 하고 있는 거라고!"

그러자 남편은 이렇게 변명했다.

"사실 그렇잖아. 대부분의 사람들이 직장에 다니는 걸 일한다고 하지 집에서 하는 일을 일이라고 하지는 않잖아."

생각해보니 정말 그랬다. 프리랜서로 집에서 일하거나 시간제로 소속 없이 이곳저곳에 노동력을 제공하는 이들도 많다. 하지만 우리 사회에서 일을 묻는 말속엔 '직장'의 의미가 포함되어 있다. 한국에 돌아온 후 새로 작성한 각종 신상 관련 서류에는 '일'을 물으면서 늘 '직장'을 함께 적으라 했다. 졸업한 대학에서 동창회 명부를 작성한다고 전화했을 때도, '직장'을 물었다. 나는 시간제 상담사로 일하며 글을 쓴다고 말했지만, 동창회 명부에 내 직업은 적히지 않았다. 특별한 소속 없이 일하는 사람, 즉 '직장' 없는 사람의 일은 '직업'으로 보기 힘들었기 때문이었으리라.

아이가 초등학교에 입학했던 날, 학교에서 보낸 가정환경 조사서에도 '부모님 직장'을 적는 곳이 있었다. 아이의 교육과 관련된 서류에 왜 부모의 직장을 적어야 하는지 그 자체도 의아스러웠지만 일도, 직업도 아닌 다짜고짜 직장을, 그것도 구체적으로 적으라는 요구에 당황했던 기억이 난다(다행히 캐나다에서 돌아와 재입학 서류를 작성할 때는 부모님의 직장란 밑에 작은 글씨로 '적지 않아도 됨'이라고 적혀 있었다).

제도적으로도 그렇다. 소속이 없는 파트타이머, 프리랜서, 그리고 가정에서 열심히 일하는 주부들은 직장인들이 받는 각종 사회보험의 혜택에서 제외된다. 요즘은 국민건강보험공단에서 생애주

기별 검진을 해주기는 하지만, 직장인들이 회사의 복지 시스템을 통해 받는 종합건강검진 등은 '직장 없이 일하는' 사람에게는 언감생심이다. 특히 가정주부의 경우, 국가검진에만 자신의 건강을 의존하는 게 현실이다. 중산층 이상이 아니고서야 무급으로 집안의 살림살이를 도맡고 있는 주부가 수십만 원을 주고 건강검진을 받으러 다닐 수 있겠는가.

왜 '일'의 의미가 협소해졌을까

열심히 살림을 하고 아이를 키우고 때로는 시간을 쪼개가며 집에서 일하는 사람들이 '노는 사람' 취급받는 현실은 어디서 비롯된 것일까?

학자들은 농경 사회에서는 집안일과 바깥일의 구분이 없었으나 산업혁명 이후 일터와 집이 분리되었다고 말한다. 이때부터 가족 구성원 중 일부(주로 여성)는 집안일을 담당했고, 다른 구성원(주로 남성)은 바깥에 나가 재화를 벌어들이는 일을 하게 되었다는 것이다. 이 설명에 따르면 집안일도 분명 '일'이었다.

그럼에도 불구하고 집안일이 '일'로 인정받지 못하는 이유에 대해서 《잠깐 애덤 스미스 씨, 저녁은 누가 차려줬어요?》의 저자 카트리네 마르살은 자본주의 경제의 근간을 만든 애덤 스미스가 재화의 생산과정에서 돌봄노동을 빼먹었기 때문이라고 설명하기도 한다.

나는 몇 권의 책을 찾아보았지만 '일 = 직장'이라는 공식이 성립된 납득할만한 이유를 찾을 수 없었다. 분명한 건 이런 인식이 여성의 삶을 제한한다는 것이었다. 많은 여성들은 가정에서 전업 돌봄노동자로 일하거나, 돌봄을 병행하기 위해 재택근무 혹은 시간제 근무를 한다. 하지만 그녀들은 모두 '노는 사람' 취급을 받는다. 그래서 이들은 직장에서 일하고 돌아온 가족 구성원이 휴식을 취하는 저녁 이후에도 쉬지 못하고 계속해서 돌봄을 제공한다. 여성의 역할을 '돌봄'에 한정 짓는 사고방식 탓에 재택근무를 하거나 시간제로 일하는 여성들의 일은 종종 우선순위에서 밀린다. 이들은 '노는 것'과 마찬가지기 때문에 모든 집안의 대소사를 처리한 후에나 일에 집중하는 것이 허용된다.

나 역시 그랬다. 일주일에 몇 번은 상담소에 나갔고, 집에 있는 동안에도 상담사례 축어록을 풀고, 사례들을 분석하거나 각종 원고를 쓰며 바쁘게 지냈지만 집안의 모든 대소사 처리는 내가 맡았다. 남편은 '바쁘다는 이유'로 시가에 전화거는 것과 같은 사소한 일에서도 제외되었지만, 나는 집에서 '놀고 있으니' 집안의 대소사를 모두 꿰고 있어야 했다. 내 일은 남편의 스케줄(회식 포함), 아이의 스케줄보다 우선순위에서 늘 밀렸다. 가족여행 계획을 짤 때도 내 일은 '그냥 한 번쯤 빠져도 되는 것'으로 취급받았다. 나는 존중받지 못한다고 느꼈다.

일의 다양성이 존중받을 때

사실 직장에 나가서 하는 일 외의 다른 일들이 인정받지 못하는 현실은 시대의 흐름에도 역행하는 것이다. 인터넷으로 집에서도 얼마든 회사의 시스템에 접속할 수 있고, 회의도 할 수 있으며, 어디서든 일할 수 있는 세상 아닌가.

여성과 일, 가정에 대한 미래지향적 대안을 담은《슈퍼우먼은 없다》에서 한 여성은 이렇게 토로한다.

"일이 '사무실'에서, 그리고 '8시부터 6시 사이'에 일어나는 것으로 한정되기 때문에 갈등이 자꾸 발생하는 거예요. 제 일이 왜 집에서 30킬로미터 이상 떨어진 고정된 0.5평짜리 사무실에 앉아서 해야만 하는 것인지 그 누구에게도 이해될만한 설명을 듣지 못했어요."

이 책의 저자, 앤 마리 슬로터는 가정과 사회가 유지되기 위해서는 돈뿐만 아니라 '돌봄'이 반드시 필요하다고 강조했다. 따라서 그녀는 일의 정의를 직장이나 경제적 대가를 받는 일에 한정하지 말고 돌봄까지 포함할 수 있도록 확장해야 한다고 주장한다. 나아가 경제적 지원만 '부양'이라고 여기는 사고방식 자체에서 벗어나자고 제안하며 이렇게 적었다.

"누군가를 돌보는 사람은 모두 부양자다. 우리는 사랑, 음식, 의복, 주거지, 양육, 교육, 위로, 지지, 간호, 자극, 그리고 다른 많은 것들을 타인을 위해 제공한다."

여성주의 상담가 주디스 워렐과 파멜라 리머 역시 비슷한 주장을 한다.《여성주의 상담의 이론과 실제》에서 이들은 '직업'을 정의할 때 가정관리, 자원봉사, 여가 활동을 배제하는 것은 여성들이 이 활동들을 통해 발전하게 만드는 직업과 그와 관련된 기술 역시 부정하는 것이 된다고 적었다. 이들은 직업을 '개인의 일에 대한 몰두와 일로 얻어지는 만족에 영향을 미치는 모든 삶의 경험(교육, 임금노동, 여가, 가정관리, 자원봉사 등)의 발달적 연속체'로 정의했다.

나는 가만히 상상해보았다. 소속된 직장 없이 일하는 사람들, 그러니까 전업주부, 파트타이머, 재택근무자, 프리랜서의 일이 모두 '직업'으로 인정받고 '일의 다양성'이 존중받는 세상이 된다면 어떨까? 한 개인의 정체감에서 큰 비중을 차지하는 일의 범위가 확대되고 다양한 형태의 일들이 존중받는다면 개인의 정체감이 존중받는 폭 역시 넓어지게 될 것이다.

그렇게 된다면 살림하는 주부도, 아이가 학교에 있는 시간을 활용해 일하는 엄마도, 세탁기를 돌려놓은 채 컴퓨터 자판을 두들기는 재택근무자도 보다 '온전한 나'로 존중받게 되지 않을까? 이런 존중은 사람들에게 '나답다'는 느낌, 그러니까 생생하게 살아있다는 느낌을 선사할 것이다. 이렇게 되면 일하는 것도 사는 것도 더욱 신바람 나지 않을까? 신나게 진정성을 다해 일하는 사람들이 늘어난다면 이들의 기여 덕분에 우리의 삶은 훨씬 풍요로워질 것이다. 또한, 서로에 대한 존중은 세상을 더 평등하게 이끌 것이다.

남편의 '노는 사람'이란 표현에 이제야 반박할 말을 찾았다.

"자신에게 주어진 역할을 묵묵히 수행해내고 있는 우리 중에 '노는 사람'은 아무도 없다! 우리가 바꿔가야 할 것은 '일'에 대한 편협한 생각이다!"

"엄마, 이제 하고 싶은 거 해"

'목요일 오후 4시에 상담 가능하신지요? 위기 사례입니다.'

날씨가 제법 여름다워지던 날. 파트타임으로 일하는 상담센터에서 업무 관련 카톡이 왔다. 새로운 내담자를 만난다는 건 늘 설레는 일이었다. 그런데 이번엔 달랐다. '네, 가능합니다'라고 답신 문자를 보내는 게 자꾸만 망설여졌다.

내가 상담센터에서 일하는 목요일은 초등학교 5학년인 아이가 하교 후 집에 머물다 저녁 6시 반까지 학원에 가야 하는 날이다. 수업이 제법 늦게 끝나기 때문에 아이는 학원 가기 전에 든든하게 저녁을 먹어야 했다. 그러려면 내가 늦어도 5시까지는 집에 돌아와야 했다. 그런데 오후 4시 상담이라니. 상담을 마치면 5시가 되고, 각종 서류를 정리하고 나서 차에 시동을 걸면, 러시아워는 이미 시작될 것이었다. 집에 도착하면 아무리 빨라도 6시가 넘을 게 분명했다.

216

'아이의 저녁을 어떻게 해야 한담?'

가슴이 두근거리기 시작하더니 관자놀이에서 '둥둥' 소리가 들리는 것 같았다. 일과 아이의 스케줄이 겹쳐 난감할 때마다 내가 겪는 신체 증상이었다. 남편이 일찍 와주면 제일 좋지만, 늘 그렇듯 남편의 퇴근 시간엔 변수가 많았다. 특별히 집안일을 맡길 것도 없는데 아이의 저녁을 위해 도우미 이모님을 구하기도 그랬고 대전에 계신 시어머니를 호출하는 것도 말이 안됐다.

그날 오후, 하교한 아이가 집에 돌아왔다. 함께 간식을 먹으며 나는 아이에게 사정을 털어놓았다.

"어쩌지? 엄마가 오후 4시에 상담이 들어왔거든. 엄마가 집에 오면 6시가 넘을 텐데 네 저녁 식사를 어떻게 하면 좋을까?"

아이에게 이 말을 건네는데 빈집에서 혼자 라면을 끓여 먹었던 초등학교 시절의 내 모습이 스쳐 지나갔다. 교사로 일하셨던 친정 어머니는 무척 헌신적인 분이셨다. 하지만 나의 하교는 엄마의 퇴근 시간보다 빨랐고 그사이 홀로 남겨지는 것은 피할 수 없었다. 빈집에 들어와 혼자 무엇을 먹는 것이 너무나 외로운 기억으로 남아 있는 난, 아이에게 이런 기억을 남겨주고 싶지 않았다. 하지만 아이는 정말 아무렇지 않다는 듯, '쿨'하게 대답했다.

"음, 엄마가 전화로 뭐 시켜주면 내가 받아서 혼자 먹으면 되지. 그리고 밥 해놓으면 냉장고에서 반찬도 꺼내 먹을 수 있어. 그동안 엄마가 나 키우느라 하고 싶은 일 많이 못 했으니까 인제 엄마 하고 싶은 거 해. 나 혼자서도 할 수 있어. 가끔은 혼자 있어 보고도 싶어."

순간 눈물이 쏟아질 것만 같았다. 내가 화장실 갈 때도 떨어지지 않으려고 해 아기 띠에 매고 다니던 녀석이 어느덧 자라서 이런 말을 하다니 믿기지 않았다. 아이에게서 해방돼 나의 일에 몰두할 수 있는 그런 시기가 왔다니 이 얼마나 기쁜 일인가? 이제 새로운 일을 맡을 때마다 아이의 스케줄과 겹칠까 봐 걱정하지 않고도 일할 수 있게 된 것 아닌가? 분명 기쁘고 감격스러운 순간이었다. 그런데 참 이상했다. 기쁘기보다는 서운함과 아쉬움이 밀려왔다.

아이와의 허심탄회한 대화

나는 그 후 며칠 동안 아이의 말을 곰곰이 새기면서 복잡한 감정들을 하나하나 들여다봤다. 겨우 초등학교 5학년인 녀석이 어떻게 이런 생각을 할 수 있었을까? 기특하기도 했지만, 한편으로는 내가 아이에게 '너 때문에 원하는 것들을 못하고 살았다'는 메시지를 전한 건 아닌지 걱정이 됐다. 그토록 바랐던 순간인데도 좋지만은 않은 내 감정이 낯설기도 했다. 며칠 후 나는 아이와 다시 대화를 나눴다.

"있잖아, 며칠 전에 네가 엄마 하고 싶은 거 하라고 했던 말. 그 말이 자꾸 기억에 남아서 그러는데 혹시 너 키우느라 엄마가 하고 싶은 거 못하는 것처럼 보였어?"

"아니. 엄마가 꿈을 위해 열심히 노력하는 것처럼 보였어. 그런데 날 위해서 늘 시간 맞추려고 그러는 게 힘들 것 같아서."

"혹시 그런 거 때문에 엄마한테 미안하다는 생각이 들어?"

"음, 미안한 건 아닌데 고맙다는 생각은 해."

참았던 눈물이 터져 나왔다. 나는 엉엉 울면서 아이에게 이렇게 당부했다.

"근데 엄마가 네게 시간 맞추고 널 위해서 무언가 하는 건, 그건 엄마도 좋아서 하는 거야. 엄마한테 일하고 글 쓰고 공부하는 것도 중요하지만 너도 엄청 중요하거든. 엄만 네 엄마인 것이 좋고 네가 엄마 아들이어서 너무 행복해. 너를 키우면서 엄만 더 좋은 상담사가 될 수 있었고 엄마이기 때문에 쓸 수 있는 글이 훨씬 많아졌거든. 그러니까 혹시라도 엄마한테 미안하다거나 그런 생각하면 안 돼. 알았지?"

아이는 덩달아 훌쩍거렸다. 우리는 서로를 꼭 끌어안았다.

아이와 허심탄회한 대화를 나누자 마음이 시원해지는 듯했다. 하지만 이날 나는 내가 쏟아낸 감정과 말에 스스로 놀랐다고 말았다. '엄마'라는 족쇄가 늘 무겁기만 했는데 아이에게 "엄마여서 행복하다"고 고백하다니. 한동안 나는 불쑥 내뱉은 내 말의 의미를 생각하면서 지냈다. 그리고 깨달았다. 이날 아이에게 표현했던 감정과 생각 또한 나의 내면 깊은 곳에 간직해둔 진실이었음을.

눈물은 내가 걱정했던 일이 아직은 일어나지 않은 것에 대한 안

도감, 그리고 앞으로도 일어나선 안 된다는 불안이 뒤섞인 감정의 표현이었다. 너무나 헌신적이고 희생적이셨던 나의 친정엄마. 엄마는 정말 좋은 분이었지만 엄마가 하늘나라에 가신 후 내게 남은 것은 죄책감이었다. 나는 아이에게 내가 친정엄마를 떠올릴 때마다 느끼는 죄스러운 마음을 물려주고 싶지 않았다. 그래서 늘 아이에게 죄책감을 남기는 엄마는 되지 말자고 다짐해왔다. 훗날 아이가 나를 떠올렸을 때 행복하고 멋진 삶을 살았던 엄마로 기억되는 것. 엄마로서 마음에 간직한 이 목표는 내가 나의 꿈을 추구하고 나답게 살도록 끊임없이 노력하는 원동력이 되었다.

아이에게 쏟아낸 말 역시 나의 진심이었다. 솔직히 엄마로 살아온 지난 시간 동안 '엄마가 되지 않았다면 얼마나 더 멋지게 살 수 있었을까?'하고 수도 없이 생각했다. 하지만 가보지 못한 길에 대한 후회와는 별개로 내게 아이는 소중했고 때로는 큰 기쁨이었다. 또한 엄마로서의 경험은 심리 상담과 글쓰기 작업에 커다란 자원이 되어줬다. 내가 거부하고 싶었던 건 '엄마'라는 이름 자체도, '아이'도 아니었다. 가부장제 사회에서 '엄마'라는 이름에 씌워준 비현실적인 이미지를 거부하고 싶었던 것이다.

나 자신을 있는 그대로 받아들일 때

칼 로저스는 자기 자신을 어떤 틀에 끼워 맞추려 하지 않고, 경험하는 그대로의 모습을 '나 자신'으로 수용할 수 있을 때 사람은 보다 온전해진다고 했다. 바로 그거였다. 일에서 오는 정체감이 그 무엇보다 중요하지만 가정에서의 자리도 놓고 싶지 않고, 때로는 엄마됨을 후회하지만 아이를 더없이 사랑하는 나. 이런 다양한 경험을 하는 총체가 바로 '나'였다. 가부장제 사회의 기준에 끼워 맞춘 내가 아닌, 그냥 경험하는 그대로의 나를 인정하고 나니 모순되던 내 모습이 자연스럽게 느껴졌다.

결국 나는 오후 4시에 시작하는 상담을 맡았고, 아이는 이 일을 계기로 혼자서 전기밥솥의 버튼을 누르고, 냉장고의 반찬을 꺼내 먹는 방법을 배웠다. 남편은 내가 집을 비우는 날엔 되도록 일찍 귀가하기 위해 노력한다. 요즘엔 내가 대학원에 복학해서 일주일에 세 번은 식구들의 저녁 식사를 챙기지 못한다. 여전히 난 이런 상황들에 미안함을 느낀다. 그러면서도 가부장적 문화의 압박이 느껴질 땐 화가 나기도 한다.

하지만 이젠 이런 감정들이 나를 압도하지는 않는다. 가부장 사회가 요구해온 전통적인 엄마의 모습과는 다르지만, 이게 바로 엄마인 나의 모습이니까. 일하고 공부하고 글 쓰는 것 역시 나만의 길을 가고 있는 나의 모습이니까. 이 모두가 나의 모습이고 나는 지금 이 모습 그대로 소중한 존재임을 이제는 안다. 아이와의 대화를 성찰하다 깨달은 이 진실은 가부장 사회가 부과한 부당한 감정들을 이겨내는 힘이 되어 주고 있다.

그리고 마음을 모아 응원한다. 더 많은 여성들이 '가부장제의 틀'

이 아닌 자신의 다양한 경험 속에서 온전한 나를 발견해 나갈 수 있기를! 여성의 다양한 모습을 이 사회가 존중해주는 날이 오기를! 그러기 위해 더 많은 여성들이 목소리 내기를!

친정엄마에게 보내는 편지

'나다운 나'로 살기 위해 나 자신을 통합하는 데 있어 내게 가장 중요한 작업이 하나 있었다. 바로 친정엄마에 대한 양가감정을 해결하는 일이었다. 나는 친정엄마를 무척 사랑했고, 엄마에게 감사하는 마음을 지니고 있다. 하지만 동시에 엄마를 생각하면 화가 났다. 도대체 왜 그렇게 자기 자신을 위해서는 아무것도 하지 않으셨는지, 왜 다른 식구들만 챙기다 돌아가셨는지, 그런 엄마에 대한 기억이 내게 얼마나 큰 죄책감을 유발하는지 자꾸만 화가 났다. 페미니즘을 공부하고, 평등을 실천하고, 일과 가정에서의 조화를 이뤄가면서도 이 부분만은 해결되지 않았다.

그러던 중, 영화 〈82년생 김지영〉을 만났다. 책으로 두 차례나 봐서 이미 다 알고 있는 이야기였지만, 영화를 보면서 자꾸만 눈물이 났다. 영화는 책과 다르게 친정엄마의 삶을 부각해서 다뤘다. 영화를 본 후, 나는 마음이 답답했다. 자꾸만 영화 속 친정엄마가 떠올랐다. 무언가 걸린 것 같은 마음을 해소하기 위해 어느 토요일 아침, 나는 홀로 극장을 찾았다. 영화관 맨 뒷좌석에 앉아 〈82년생 김지영〉을 다시 봤다. 그야말로 대성통곡을 했다. 어찌나 울었는지 영화를 보고 난 후부터 다음 날까지 계속해서 두통에 시달릴 정도였다. 하지만 두통이 가라앉고 나니 마음이 개운해지는 것 같았다. '엄마'에 대한 나의 마음이 정리되고 있었다. 나는 이 마음을 편지에 띄워 보냈다. 엄마에게 편지를 쓰면서 내 양가감정이 의미하는 바를 명확히 알게 됐다. 비로소 오랫동안 나를 괴롭혀왔던 감정들로부터 자유로워진 느낌이 들었다.

사랑하는 엄마에게

엄마, 그곳에서 잘 지내고 계시나요? 이곳은 이제 제법 바람이 차가워졌답니다. 단풍도 여기저기 들기 시작했고요. 혹시 소식 들으셨어요? 영화 〈82년생 김지영〉 얘기 말이에요. 책이 나와서 무척 많은 여성의 공감을 얻어냈던 그 이야기가 이번에 영화로 만들어졌어요. 얼마 전에 이 영화를 봤는데 얼마나 엄마 생각이 많이 나던지. 이렇게 보내지 못하는 편지로라도 제 마음을 전달하고 싶습니다.

엄마, 저는 선명히 기억해요. 엄마가 얼마나 제 꿈을 응원해주셨는지. 제가 중학교 때부터 키워온 기자의 꿈을 이루기 위해 대학 졸업 후 1년 가까이 '취준생'으로 지냈을 때, 엄만 단 한 번도 제게 눈치를 주거나 빨리 취업하라고 재촉하지 않았었죠. IMF 직후라 그 어느 때보다도 집안의 경제 사정이 좋지 않았는데도 말이에요. 마침내 신문사 합격 통지를 받았던 그날. 정말 뛸듯이 좋아하시던 엄마의 모습을 저는 잊을 수가 없어요. 몇 년 후 지금의 남편을 만나 결혼하겠다고 말했을 때도 엄만 기뻐하면서도 제가 가정에 갇히지 않고 하고 싶은 일을 하며 살길 바란다고 하셨죠.

신혼 시절, 서툴게 살림하며 기자로 일할 때 엄만 저를 위해 '우렁각시'가 되어 주셨어요. 복날, 빈집에 오셔서 삼계탕을 끓여 놓고 가시기도 했고 어느 날엔 우리 집 빨래와 청소를 다 해주고 가셨죠. 사실 그땐 신혼 생활을 침해받는 것 같아 화가 났어요. 그런데 이젠 엄마 마음을 알 것 같아요. 결혼한 여성으로 살면서 하고 싶은 일을 한다는 게 얼마나 험한 길인지 알기에 엄만 저를 돕고 싶었을 거예요. 딸이 자신의 삶을 '살림' 때문에 내려놓지 않으면 하는 그런 마음이셨겠죠.

제가 뜻한 바 있어 일을 그만두고 대학원에 진학했을 때 엄만 암투병을 시작했어요. 그리고 전 임신을 했지요. 항암제 투여로 힘들어하시던 엄만, 임신 소식에 힘이 난다고 하셨죠. 우연인진 모르겠지만, 그 후 몇 달간은 항암제 효과가 좋았고 엄만 다시 일어나실 수 있을 것 같다 하셨어요. 항암제 부작용으로 메스꺼워하시면서도 지독한 입덧으로 구토를 달고 살던 절 위해 음식을 해다 주시고, 몸 상태가 조금이라도 좋은 날엔 집안일까지 해주셨어요. 제

배 속의 아이가 7개월 때, 응급차에 실려 중환자실에 가셨던 엄마. 저는 엄마가 하늘나라에 가시기 직전까지 아픈 자신의 몸보다 남은 가족들을 더 걱정했던 것 잘 알고 있답니다.

그런데 엄마, 아세요? 전 그런 엄마의 모습이 너무나 싫었어요. 사업에 실패했던 아버지를 대신해 집안의 경제도 책임지면서, 가사와 육아까지 평생 모든 것을 홀로 짊어지셨던 엄마. 제가 설거지라도 할라치면 "이런 건 시집가서 평생 하는데 지금부터 할 필요 없다. 넌 너 하고 싶은 거 해"라며 살림엔 손도 못 대게 하셨던 엄마. 암 투병 중에도 임신한 딸의 살림을 도와주려 했고 아버지의 식사를 챙겼던 엄마. 전 그 희생이 정말 지긋지긋했어요. 희생하는 엄마의 모습을 보면 어느 날은 분노가 치밀다가 또 다른 날은 미안한 마음이 올라와 혼자 눈물을 짓기도 하고. 제 마음이 참 이상했어요. 생각해보면 죄송한 마음에 더 화가 났던 것 같아요. 죄책감과 분노는 동전의 양면 같은 것이기도 하니까요.

그래서인지 영화 〈82년생 김지영〉에서 "엄마가 도와줄게. 너 하고 싶은 거 해"라고 말하는 친정엄마에게 지영이 "그만 좀 희생하라"고 말했을 때 얼마나 눈물이 나왔는지 몰라요. 눈물과 함께 제 마음속에선 이런 말이 쏟아져 나왔어요.

"엄마, 이젠 그만 좀 희생하세요. 엄마가 그렇게 희생만 하고 살면 그런 모습을 마음에 담은 자식들은 미안함과 죄책감에 시달린다고요!"

엄마, 그런데 한편으론 친정엄마가 있는 영화 속 지영이 참 부러웠어요. 한국 사회에서 어린아이가 있는 여성이 자기가 원하는 삶을 살고자 했을 때, 진심으로 좋아해줄 수 있는 사람이 과연 친정엄마 말고 또 누가 있을까요? 영화 속 '좋은 남편'이던 대현도 지영이 취직한다고 했을 때 순수하게 기뻐해주지 못하잖아요. 지영이 아이 맡길 곳을 찾기 위해 동분서주할 때도 대현은 지켜보는 게 전부였죠. 물론 육아휴직을 하고 적극적으로 함께하는 남편으로 변해가긴 하지만요.

전 그랬어요. 아이를 낳고 '가끔은 행복하지만 어딘가에 갇힌 것 같은' 기분에 힘들었을 때, 엄마가 곁에 계셨다면 어땠을까 매일 생각했어요. 그 누구의 적극적인 지지도 받지 못한 채 다시 일하기로 하고 아이를 맡길 곳을 찾아다닐 때, 엄마가 가까이 살았으면 얼마나 좋았을까 늘 아쉬워했어요. 아이의 하원 시간에 맞춰 종종거리며 퇴근할 때마다 친정엄마의 도움을 받아 여유롭게 일하는 친구들이 부러워서 질투가 나곤 했답니다. 주변에서 "친정엄마에게 애 맡기는 것도 눈치 보이는 일이야"라고 아무리 이야기해도 '엄마가 살아계셨다면 지금보다 더 많은 커리어를 쌓을 수 있었을 텐데'라는 생각에 눈물을 삼키기도 했어요.

엄마, 저 참 못됐죠? 엄마가 희생하는 건 미안해서 싫다고 하면서 나 도와주지 않고 먼저 하늘나라에 가신 엄마를 원망하고 있다니. 그런데 엄마, 전 이런 모순되고 양면적인 상황이 바로 지금 이 사회를 살아가고 있는, 제 또래의 엄마가 된 여성들이 겪고 있는 현실이라고 생각해요.

90년대 중반 이후 대학을 다닌 제 또래의 많은 여성들은 영화 속 지영이나 저처럼 사회에서 커리어를 쌓으라고 교육받은 세대 예요. 비록 직장 내 성차별이 만연하긴 하지만, 그런 어려움을 이겨내고라도 자신의 능력을 펼쳐 보이고 싶어 하는 세대죠.

그런데 결혼하고 맞이한 현실은 너무나 다르다는 거죠. '엄마'가 되는 순간, 사회는 엄마라는 역할을 최우선으로 하라고 요구해요. 설령 자기 일을 계속하더라도 희생적인 엄마가 되지 못하면 평가 절하되기 일쑤죠. 육아가 여전히 엄마의 전유물로 인식되고 있는 이런 곳에서 '일하고 공부하라'고 배워온 제 또래 엄마들은 자신의 삶을 지켜내기 위해 또 다른 여성인 친정엄마의 삶을 희생시킬 수밖에 없는 모순된 처지에 놓여 있는 거죠. 그러니 분노와 죄책감이 함께 생길 수밖에요.

엄마, 제 생각에 동의하시나요? 다 털어놓고 나니 마음이 후련해져요. 그리고 이제는 알 것 같아요. 희생만 하시는 엄마를 보고 느낀 분노는 사실은 이런 현실을 만들어낸 세상에 대한 것이라는 걸요. 분노의 대상인 가부장 사회의 억압이 너무나 거대하고 뿌리 깊어 잘 보이지 않기에, 가까이 있는 엄마에게만 투정 부린 것 같아요. 철없는 저의 투정을 다 받아주시고 딸들의 삶을 지켜주기 위해 평생토록 애써주신 그 마음에 무한한 감사를 드립니다.

약속할게요. 이런 모순적인 상황들, 그리고 양가적이고 힘든 감정들을 제 아이 세대에게는 결코 물려주지 않겠다고요. 그러기 위해서 저 자신의 삶, 엄마가 그토록 희생하면서까지 지켜주고 싶었던 제 삶을 꼭 지켜낼 거예요. 영화 속 지영이 말했던 '찾아질 듯하지만, 찾아지지 않는 문'을 꼭 찾아내겠습니다.

그래서 아이에게 행복하고 당당한 엄마가 되어 주고 싶어요. 훗날 제가 엄마 곁으로 갔을 때, 제 아이가 미안함에 눈물 흘리기보다 행복한 미소를 지으면서 저를 기억할 수 있도록 말이죠. "우리 엄만 정말 행복하고 충만하게 사셨어. 나도 그런 삶을 살고 싶어." 아이에게 이런 말을 들을 수 있도록 일상에서 작은 것부터 실천하겠습니다. 습관이 되어버린 가부장 문화의 소산들이 이런 저를 막아서더라도 결코 갈등을 피하지 않을 거예요.

엄마, 이렇게 제 이야기 들어주셔서 감사해요. 사춘기 시절, 힘든 일이 있을 때마다 엄마랑 대화를 나누다 보면 제 생각들이 정리되고 날 선 감정들이 편안해지곤 했었죠. 꼭 그때 같아요! 엄마에게 털어놓고 나니 한결 마음이 편안해져요. 엄마가 바로 곁에 계셔서 제 이야기를 들어주시는 게 느껴진답니다. 늘 저를 지켜주시는 엄마, 고맙습니다. 사랑합니다.

불편하지만 더 나은 방향으로

"어머니가 그러시는데 이번 추석부터 차례를 안 지내기로 하셨다는데?"

캐나다에서 귀국한 후 처음 맞는 추석 연휴를 며칠 앞두고 있던 날. 퇴근한 남편이 내게 이렇게 전했다. 나는 내 귀를 의심했다.

나의 시가에서 명절 차례와 두 번의 제사는 10년이 넘는 지난 결혼생활 동안 매우 중요한 의례였다. 음식 만드는 과정엔 전혀 참여하지 않으시지만, "제사는 정성이 제일 중요하다"며 매번 훈수를 두시는 시아버지. "제사를 푸짐하게 잘해야 자식이 잘된다"고 철석같이 믿으시는 시어머니. 제사가 없는 친정에서 자란 나는 결혼 후 시가의 이런 문화를 배우기 위해 애써왔다. 시어머니는 매년 명절 때마다 '푸짐함'과 '정성'을 몸과 마음을 다해 실천하셨다. 가장 크고 예쁘게 생긴 과일만 차례상에 올리셨고 전, 탕, 나물, 고기 등 모든 음식은 식구 수보다 훨씬 넉넉하게 준비하셨다. 목기에 음식을 담을 때도 늘 "수북하고 예쁘게 담아라" 하시던 분이었다. 그런 시어머니가 '탈제사'를 선언하셨다니 나는 도무지 믿을 수 없었다.

추석 전날. 시가에 도착해서야 시어머니의 선언이 사실로 다가왔다. 정말로 예전과는 주방 분위기가 달랐다. 지금껏 내가 도착할 무렵이면 한쪽에 나물이 다듬어져 있고, 전 부칠 재료들이 손질되어 있었다. 하지만 이번엔 달랐다. 주방의 가스레인지 위에는 우리 가족들이 좋아하는 해물탕이 보글보글 끓고 있었다. 몇 가지 밑반찬으로 점심을 먹었고, 식후엔 전을 부치는 대신 온 가족이 함께 쇼핑을 했다. 저녁은 외식을 했다. 음식을 장만하느라 분주했던 시간은 이야기로 채워졌다. 나는 오랜만에 시어머니와 허심탄회한 대화를 나누었다.

시어머니의 '탈제사 선언'

"정말로 이번 추석부터 차례 안 지내는 거예요? 2주 전에 저희 집에 오셨을 때만 해도 그런 말씀 안 하셨는데 갑자기 결정하신 이유가 뭔가요?"

"사실 '언젠간 제사를 그만두어야겠다'고 생각은 늘 하고 있었어. 이게 품도 너무 많이 들고, 여자들만 고생하는 것도 맞고. 나까지만 하고 '너희들은 하지 말아라' 그러려고 했지."

"그런데요?"

"근데 내가 안 해야지 너희들도 안 하게 될 거 같아서. 주변에서

231

보니까 시어머니가 결단을 내려야 자식들이 제사를 이어받지 않는다고 하더라고. 언제쯤 그만하자고 할까 고민하고 있는데 네 시누네도 제사를 안 하기로 했다는 거야. 거기도 시아버지가 엄청 보수적이거든. 그런데도 이번부터 안 하고 가족끼리 다 같이 밖에서 외식하고 민속촌에 놀러 가기로 했대. 네 시누가 '엄마도 이제 그만해'라고 말하는데 왠지 그래야 할 것 같았어."

"아버님이 쉽게 수긍하신 것도 신기해요."

"아버지도 텔레비전 많이 보니까 요즘은 명절 때 차례 안 하고 가족끼리 재밌게 보내는 집이 많다는 걸 알았던 게지. 또 나이 드시면서 내 뜻을 많이 존중해 줘. 예전하고는 달라지셨어. 이번에도 '내가 무슨 힘이 있나. 당신이 알아서 해' 이러시더라고."

시어머니는 변해가는 세상의 흐름을 잘 읽고 계셨다. 전통적인 명절 문화가 여성에게 과도한 압박이 되어왔던 것도 알고 계셨고, 그런 압박을 후세에 물려주어서는 안 되겠다는 생각도 하고 계셨던 것이다. 그리고 변화를 미루기보다 스스로 실천하기로 하셨다.

"내가 잘못한 건 아닐까?"

추석날 아침. 차례상을 차릴 필요는 없었지만, 시어머니와 나는 새벽 일찍 눈이 떠졌다. 다른 식구들이 모두 잠든 고요한 시간. 우리는 나물을 무치고, 탕을 끓이고, 생선과 고기를 굽는 대신, 거실 소파에 커피 한 잔을 들고 마주 앉아 조용조용 대화를 나눴다.

"어머님, 추석 아침인데 차례를 안 지내니까 이렇게 어머님하고 이야기도 나누네요. 저는 편하고 좋은데 어머님은 어떠세요?"

"사실 난 기분이 좀 이상해. 몸은 편한데 며칠 전부터 마음이 좀 그렇긴 하더라고. 내가 잘못하고 있는 게 아닌가 하는 생각도 들고. 허전하기도 하고. 지금도 좀 이상해."

"정말요?"

"어른들이 예전부터 그랬잖아. 조상을 잘 모셔야 자식들이 잘된다고. 내 시어머니도 늘 '네가 제사를 잘 모셔야 자식들이 잘된다' 그러셨거든. 결혼하고 40년 넘게 제사를 모셨는데 그때마다 사실 별로 힘들다고 생각하지도 않았어."

"안 힘드셨다고요?"

"자식들 잘된다니까 그 생각에 더 열심히 했지. 근데 오랫동안 하던 걸 갑자기 안 하니까 막상 편하기보단 마음이 불편해. 지금도 내가 뭘 잘못하고 있는 건 아닌지 계속 그런 생각이 드는 거 있지? 차례 안 지낸다고 자식들이 잘못되는 것도 아닐 텐데. 와서 편안하고 즐겁게 있다가 가는 게 더 좋은 걸 알면서도 할머니, 할아버지한테 '죄송하다'는 생각이 자꾸 들어."

시어머니도 나처럼 홀가분할 것이라 믿었던 나는 시어머니의 반응이 놀랍고도 낯설었다. 시어머니에게 제사 문화는 '모성'과 연결되어 있었다. 모성과 연결지으셨기에 시어머니는 가부장제의 불평등이 모두 녹아 있는 제사를 힘들다고 생각하지 않으셨던 거다.

233

자식들이 잘되기를 바라는 마음으로 제사를 지내오셨고, 이제 자식들을 위해 제사 중단을 선언하신 시어머니. 하지만 오랫동안 간절한 마음을 담아서 하셨던 것을 그만둔 시어머니의 마음엔 죄책감이 올라오고 있었다.

가만히 헤아려보니 어떤 마음인지 충분히 알 것 같았다. 나 역시 억울하면서도 그래야 하는 줄 알고 해왔던 독박돌봄노동을 내려놓고 남편과 분담하기 시작하면서 느꼈던 감정이 바로 '죄책감'이었기 때문이다. 내 마음 깊숙한 곳에 자리잡은 '내 안의 가부장'은 부당한 관행들을 바꾸고 평등하고 새로운 길을 가고자 할 때마다 죄책감이라는 감정으로 그 모습을 드러내곤 했다. 많은 여성들이 가부장제에 저항하면서 느끼는 그 감정이 시어머니에게도 찾아온 것이었다. 시어머니의 복잡한 마음에 연민이 느껴졌다.

내가 시작해야 변할 수 있다

추석 당일. 아침 식사를 하고 나서 우리 가족은 친정 식구들을 만나기 위해 서울로 향했다. 그사이 시어머니는 집 근처 성당에서 합동위령미사를 드리는 것으로 조상들에 대한 인사를 대신했다. 서울에서 하룻밤을 묵은 나는 추석 다음 날, 대구인 우리 집으로 내려가면서 대전인 시가에 다시 한 번 들러 함께 점심을 먹었다.

시어머니는 입을 여셨다.

"어제 성당에 가서 보니 차례를 안 지내는 집들이 진짜 많더라고. 처음엔 막 가슴이 뛰고 이상한 거야. 내가 잘못한 게 아닌가 이런 생각도 들고. 너희들 무슨 일 생기면 어쩌나 이런 걱정도 되고. 근데 사람들이 괜찮다고. 무조건 옛날식으로 따르는 것보다 음식 낭비도 안 하고 가족들이 더 화목하게 지내게 된다고 이야기 많이 해주더라고. 그래서 지금은 마음이 편해졌어. 처음이라 마음이 좀 불편해도 더 나은 방향으로 바뀌 가는 게 맞는 거 같아."

차례가 없는 첫 명절을 보낸 시어머니의 마음은 무척이나 복잡했을 것이다. 이게 맞는 것 같으면서도 어딘지 죄스럽고, 편하면서도 어딘가 불편한 그 묘한 마음들을 모두 겪어낸 후 시어머니가 내린 결론은 '불편해도 이게 나은 방향'이라는 거였다.

나는 혼자가 아니었다. 가부장 문화가 어떻게 여성들의 삶을 옥죄고 있는지 알아채고 분노하고 대항하는 여성들을 나는 글을 통해 많이 만나왔다. 이 물결에 시어머니도 합류한 것이었다. 같은 여성이지만 가부장적인 결혼제도의 상징과도 같은 존재였던 시어머니가 내가 선택한 '불편한 길'에 함께한다는 건 내가 가고 있는 길에 확신을 디해줬다. 든든함이 느껴졌다.

'탈제사'를 실천한 추석 다음에 찾아온 설에도 우리는 차례를 지내지 않았다. 이번엔 단지 차례를 지내지 않는 데서 한 걸음 더 나아가 집안의 여자들에게 늘 이것저것 시키시는 시아버지를 향해 작은 저항도 실천했다.

설 전날, 점심 식사가 끝나갈 무렵이었다. 아이가 식사하는 모습

235

을 지켜보던 시아버지가 시어머니를 나무랐다. "당신은 손자가 밥다 먹어가는데 물 안 떠오고 뭐 해?"라고. 다른 때 같으면 "제가 떠올게요"하고 시어머니 대신 일어섰을 것이다. 하지만 이번엔 용기를 내어 이렇게 말했다. "아버님, 이제 자기가 물 떠먹을 수 있는나이에요." 그러자 어머니는 물을 가지러 가시다 말고 자리에 다시앉으셨다. 우리는 서로 시선을 주고받으며 웃었다. 아이는 "할아버지, 물은 제가 먹고 싶을 때 알아서 먹어요"라고 응수했다. 시아버지는 멋쩍은 듯 아무 말씀도 하지 않으셨고, 연휴 동안 시어머니와내게 무엇인가를 요구하는 횟수가 줄었다. 작은 연대의 승리였다.

나는 여전히 불편하다. 집에선 적당히 긴장하고 있어야만 남편과의 관계에서 평등하다는 느낌을 유지할 수 있다. 시가에서도 작은 변화들이 일어나고 있지만, 사위인 시누 남편은 식사 후 들어가낮잠을 자고 며느리인 나는 주방을 떠나지 못하는 처지에서 아직벗어나지 못했다. 때로는 심리적 불편감이 너무 커 그냥 '착한 아내', '착한 며느리' 시절로 돌아가 버릴까 하는 유혹에 시달리기도한다. 하지만 멈추지 않을 것이다. 내면의 진실을 외면하지 않으려는 사람들이 많아지고 있음을, 갈등과 불편을 기꺼이 감수하려는사람들이 늘어나고 있음을 기억할 것이다. 심지어 나의 시어머니도 합류했다!

우리 각자가 자기 자신에게 보다 진실해질 때, 가부장제가 부과한 성역할을 따르지 않고 내면의 진실한 목소리를 따라 행동할 때,

용기 내 이를 표현하고 연대할 때. 우리 사회 곳곳에, 그리고 각자의 내면에 깊숙이 자리 잡은 가부장제의 억압이 더는 목소리 내지 못할 것이다. 그럴 때 여성은 물론 남성도 가부장제의 틀에 얽매이지 않고, 보다 온전한 자기 자신으로 살아갈 수 있으리라 믿는다. 좀 더 공정한 세상에서, 모두가 행복해지기 위해 '불편하지만, 나은 방향'으로 가는 게 맞다. 그리고 '내가 시작해야 변할 수 있다'.

행복한 삶을 꿈꾸는 모든 이들에게

이 책을 한창 집필하고 있을 때였다. 대학원 수업이 있는 날이라 학교에 갔다가 반가운 얼굴을 만났다. 대학원 후배였다. 후배는 교수님께 일자리 관련한 추천서도 받을 겸, 결혼 소식을 알리기 위해 학교에 왔다고 했다. "와! 결혼하는구나! 축하해!"라고 인사를 건넸다. 하지만 후배의 목소리는 금세 심각해졌다.

"선배, 축하받을 일이 맞는지 모르겠어요. 남자친구랑 5년도 넘게 사귀면서 남자친구 식구들과 서로 알고 지내왔거든요. 그동안 저한테 뭘 요구하시거나 그러신 적이 없으셨어요. 제가 집에 놀러 가면 그냥 손님처럼 대해주셨는데 결혼 날짜를 잡으니 달라지시는 거예요. 얼마 전엔 남자친구 통해서 이번 주에 김장하는데 와주면 어떻겠냐는 말을 들었어요. 남자친구도 안부 전화라도 하라는 신호를 은근히 보내오고요."

'에휴.' 나도 모르게 한숨이 나왔다. 비교적 평등했던 연인관계가 결혼을 전제로 하면서부터 균형을 잃어가고, 결혼식을 올리기 전부터 '며느리'로 살기를 요구받는 현실. 익히 경험해온 부당함을 후배도 맞닥뜨리고 있었다. 14년 전 내가 결혼했을 때와 크게 달라진 것 없는 현실에 답답함이 밀려왔다. 나는 후배의 속상한 마음에 함께 머무르며 공감해주었다.

후배의 고민은 이 책을 쓰는 동안 늘 내 마음에 머물러 있었다. 그리고 책을 쓰면서 나 자신을 돌아보고, 진정한 평등에 대해 다시금 고민하면서 몇 가지 들려주고 싶은 말들을 찾아냈다. 후배와 같은 고민을 하고 있는 많은 여성들, 진정으로 행복한 결혼 생활을 꿈꾸는 모든 이들에게 몇 가지 조언을 건네는 것으로 에필로그를 대신할까 한다.

첫째, 어떤 순간에도 '자기존중'을 내려놓지 말 것

지금까지 살아오면서 그리고 상담 현장에서 많은 내담자들을 만나오면서 내가 깨달은 가장 중요한 진실은 자기 자신은 스스로 지키고 존중해줘야 한다는 것이다.

하지만 여전히 시가 중심 가부장제에 의해 유지되는 결혼제도는 여성들로 하여금 이 진실로부터 멀어지게 한다. 여성들은 자기 자신의 욕구보다 가족들의 욕구를 위해 헌신하는 것이 '착하고 좋은 여자'라는 암묵적인 메시지에 길들여진다. 그러면서 자신의 욕구를 내려놓은 채 식구들을 위해 헌신하고, 자신의 삶에 있어 중대한 결정을 해야 할 때에도 자신이 원하는 것보다는 가족들의 의사를 먼저 따르는 삶에 익숙해져 간다. 그리고 이런 희생을 통해 '좋은 엄마', '좋은 아내', '좋은 며느리'로 인정받으려 한다.

하지만 타인에게 '인정'받는 것보다 중요한 건 '존중'받는 것이다. 인정은 어떤 기준에 따라 행동했을 때 그 행위에 대해 좋은 평가를 받는 것이지만 존중은 내가 존재하는 그 자체로 가치 있음을 증명받는 것이다. 여전히 가부장적 사고방식이 팽배한 한국에서 결혼한 여성이 '인정'받는다는 건 가부장적 시각인 남성의 기준으로 평가받는 것이다. 그래서 인정받으려 애쓸수록 스스로를 대상화하게 되고, 주체적으로 살아가기 힘들어진다.

그러니 '좋은 며느리', '좋은 아내', '좋은 엄마'로 인정받으려 애쓰지 말자. 예쁨받고 인정받으려는 마음을 버리고 대신 '존중'받기 위해 행동하자. 이때 무엇보다 중요한 건 자기 자신을 스스로 존중해주는 것이다. 내가 나를 소중히 대해주고, 나의 욕구와 꿈을 존중해줄 때만 타인 역시 나를 있는 그대로, 하나의 주체로 바라봐준다. 그러기 위해 시가에서든 가정에서든 좋은 며느리, 좋은 아내가 되겠다며 먼저 나서서 각종 돌봄노동을 떠안는 일은 그만두었으면 좋겠다. 누군가 내게 요구해 오더라도 나의 욕구와 충돌되거나 가부장적 성역할에 따른 편견에 기반한 일이라면 단호히 거절할 수 있어야 한다.

나 역시 결혼 후 많은 시간을 인정받기 위해 애썼지만, 결과는 존중이 아니라 억울함과 분노뿐이었다. 오히려 내가 원하는 일을 찾아 나서고, 남편에게 함께할 것을 요구하고, 시가에서 부당한 노동을 거부하며 나 자신을 존중해줬을 때 그들 역시 나를 존중해줬다. 또한, 내가 나 자신의 욕구를 충분히 알아주고 이를 실천해나갈 때 아이에게도 좋은 엄마일 수 있었다. 그러니 결코 나 자신을 돌보는 일을 게을리하지 말자. '엄마가 행복할 때 아이도 행복하다'는 말은 진실이다. 좋은 엄마이기 위해서라도 나 자신을 먼저 챙겨야 한다.

둘째, 동등한 돌봄과 솔직함에서 시작할 것

김희경이 쓴 《이상한 정상가족》에서는 스웨덴 역사학자 라르스 트래가르드가 정립한 '스웨덴식 사랑이론'이 나온다. 김희경은 이렇게 설명한다.

'이 이론은 진정한 인간관계는 서로에게 의존하지 않고 불평등한 권력 관계에 놓이지 않는 개인들 사이에서만 가능하다고 말한다. 자율적이고 평등한 개개인 사이에서만 사랑과 우정 같은 인간적 교류가 이루어진다. 심지어 부모와 자녀 관계에서도 서로 의존적이고 굴욕을 강요하는 권력 관계가 존재하는 한 진정한 사랑은 불가능하다고 바라본다.'

나는 이 이론이 매우 타당하다고 생각한다. 연애하던 시절 남자

친구였던 남편과 나의 관계는 비교적 평등했다. 하지만 결혼 후 이런 느낌이 줄어들기 시작했다. 그와 함께 있을 때 자유가 제약되고 자꾸만 작아지는 느낌이 들었다. 이는 우리 관계가 가부장제의 남편과 아내라는 상하 관계로 변질되었다는 증거였다. 나는 일방적으로 돌봄을 제공하고 있었고, 남편은 이를 당연한 듯 알았으며 어느새 나는 남편의 성공을 위해 나의 성취를 내려놓고 있었다. 우리는 진심으로 서로를 사랑했지만, 우리도 모르는 사이에 가부장적 질서를 따르고 있었던 것이다. 그러는 동안 내 마음은 남편에게서 조금씩 멀어졌다. 내가 남편과 다시 연결될 수 있었던 건 관계에서 평등을 어느 정도 회복했을 때부터였다.

　나는 행복한 결혼 생활은 부부가 평등할 때만 가능하다고 믿는다. 평등을 획득하는 가장 중요한 요소 중 하나는 가사와 육아, 즉 '돌봄'에 있어 각자가 동등한 책임감을 갖는 것이다. 가사분담은 여성의 일방적인 돌봄이 아닌 상호돌봄을 가능하게 하고, 그럴 때 서로 사랑하고 사랑받는다는 느낌을 유지할 수 있다. 육아에서 동등한 책임을 지는 것이 중요함은 더 말할 필요도 없다. 빌 게이츠의 아내이자 자선사업가인 멜린다 게이츠도 《누구도 멈출 수 없다》에서 남편과의 평등한 관계를 만들기 위해 가장 먼저 육아와 가사를 분담할 것을 요구했다고 적었다. 빌 게이츠가 설거지를 하고, 아이를 학교에 데려다주게 된 후에야 이 부부도 진정으로 평등한 동반자가 될 수 있었다. 멜린다는 이 책에서 이렇게 단언한다.

'무급 노동의 균형은 곧 부부관계의 균형'이라고.

또 하나는 솔직함이다. 많은 여성들은 결혼 후 느끼는 불안함과 억울함, 부당함 등 부정적인 감정을 내색하지 않으려 한다. 애써 이런 감정들을 부인하며 참아내면서 자신을 다그쳐 더 헌신하려 들거나, 한숨이나 짜증 같은 간접적인 방식으로 표현한다. 남성들 역시 가부장제에서 홀로 지라고 요구하는 가장이라는 버거운 책임감에 대해 가정에서 말하지 않는다.

하지만 부부처럼 친밀한 관계에서 드러나지 않은 부정적 감정들은 서로에게 투사된다. 그리고 마치 상대방 때문에 내가 이런 감정을 겪고 있는 것처럼 서로를 비난하게 된다. 그래서 자신의 약한 모습, 부정적 감정을 솔직하게 상대방에게 표현하는 것은 매우 중요하다. 시가에 갔을 때 느껴지는 부당함에 대해 홀로 삭히거나 짜증을 내는 대신 "이런 태도들이 내게 자꾸 억울하다는 생각이 들게 한다"고 남편에게 솔직히 말하는 것이다. 내가 느끼는 모든 감정들은 타당하다는 믿음을 가지고 함께 나누어보자. 이에 대해 이야기를 나눈다면 가부장제가 가져오는 부당한 감정들의 영향을 덜 받으며 평등한 관계로 나아갈 수 있을 것이다. 나 역시 오랫동안 품어왔던 억울함을 남편에게 털어놓으면서부터 변화를 모색할 수 있었다.

셋째, 부당한 죄책감에 저항할 것

가부장적 결혼 문화에 반기를 들고 평등한 문화를 만들어갈 때 반드시 맞닥뜨리는 장애물이 있다. 바로 '죄책감'이다.

오랫동안 인류를 지배해왔고, 현재도 사람들의 마음 깊숙한 곳에 자리하고 있는 가부장적 사고방식은 끊임없이 여성들의 주체적인 삶을 방해하고 있다. 이 가부장적 사고가 여성들을 괴롭히는 대표적인 수단이 바로 죄책감이다. 여성이 자기 자신의 삶을 살려고 노력할 때 죄책감은 불쑥불쑥 튀어나와 '나쁘고 이기적인 아내, 엄마, 며느리'라고 스스로를 비난하게 만든다. 나 역시 남편에게 가사분담을 요구했을 때, 아이를 놔두고 하고 싶은 공부를 시작했을 때 가장 힘들었던 것이 바로 죄책감이었다.

이런 부당한 죄책감을 극복하기 위해선 자기를 존중하는 삶을 사는 건 절대 죄책감을 갖거나 미안해할 일이 아님을 늘 기억해야 한다. 이때 필요한 것이 바로 '책'이다. 가부장제를 거부하기 위해 투쟁해온 선배 여성들, 또는 동시대의 페미니스트들이 쓴 글을 읽는 것은 성찰의 기회를 제공함은 물론 공감과 연대감을 선사한다. '나 혼자만 이런 것이 아니다'라는 느낌은 변화를 실천하는 데 큰 힘이 될 것이다. 내 주변의 이웃들과 친구들, 다른 여성들과 서로의 생각을 나누면서 소통하는 것도 많은 도움이 된다.

때로는 어떤 것이 부당한지, 어떤 것이 진짜 미안한 것인지 구분하기 힘들 때도 있을 것이다. 그럴 때는 페미니스트 소설가 치마만다 응고지 아디치에가 《엄마는 페미니스트》에서 알려준 두 가지 전제를 기억했으면 좋겠다.

> 첫 번째 전제 : '~하다면 중요하다'도 아니고, '~하는 한 중요하
> 다'도 아닌 '똑같이 중요하다.'
> 두 번째 전제 : 'OO를 반대로 뒤집어도 똑같은 결과가 나오는가?'

예를 들면, 만일 누군가가 '엄마라는 역할을 잘한다면 여성은 중요하다'라거나 '엄마의 역할을 하는 한, 여성은 중요하다'라고 말하다면 이건 불평등이다. '여성은 남성과 똑같이 중요하다.' 다른 수사 여구는 필요없다(첫번째 전제).

'남편이 설거지한다'고 말할 때와 '아내가 설거지한다'고 말할 때 다른 반응과 결과가 나온다면, 이것은 부당하다(두번째 전제).

이 두 전제를 기억하고 '불평등한' 일로 결론 내려진 것에서 죄책감이 느껴진다면, 그 죄책감을 과감히 무시하자. 대신, 이건 불평등하고 부당한 거라고 목소리 내기를 바란다.

이 책이 한창 만들어지고 있을 무렵, 식구들이 모여 앉아 책의 제목에 대한 이야기를 한 적이 있었다. 만 11살이 된 아들이 말했다. "엄마, '4월의 겨울' 어때? 엄마 책은 엄마의 30대부터 40대 초반 이야기잖아. 인생을 1년이라고 보면 요즘은 100살까지 사니까, 30

대면 4월쯤 될 거 같아. 4월이면 따뜻하고 꽃도 피고 그런데 엄마 책 이야기를 들어보면 엄마들은 그 시기를 겨울처럼 춥게 보내고 있다는 거잖아. 그러니까 '4월의 겨울' 어때?"

아이의 말에 코끝이 찡해졌던 기억이 난다.

대학원 후배가 고민했듯, 여전히 한국의 여성들은 결혼을 생각하면서 서서히 드리워지는 가부장제의 그림자에 당황하곤 한다. '나는 그렇게 살지 않을 것'이라고 다짐하면서 결혼하고 엄마가 되지만, 결국엔 인생의 봄을 추운 겨울처럼 살아내고 있다.

이제는 이 겨울을 녹여낼 때다. 각자의 삶에서 부당함을 가려내고, 이에 굴복하지 않으며 목소리를 낼 때, 그리고 이 목소리들이 연대해 세상 곳곳에 울려 퍼질 때 겨울은 끝날 것이다. 앞으로 오는 여성들의 4월은 화사한 봄일 수 있기를 간절히 소망하며 더 많은 여성들의 목소리를 기다린다.

◇◇◇◇◇◇◇◇◇◇◇◇◇◇◇◇◇◇◇◇◇◇◇◇◇◇◇◇◇

마지막으로 이 책을 만들 수 있도록 신뢰와 격려를 보내주신 분들에게 감사의 인사를 전한다. 제게 무한한 신뢰를 보내주신 스몰빅미디어의 이부연 대표님! 그리고 세심하게 소통하며 정성을 다해 편집해주신 스몰빅미디어의 박서영 편집자님! 두 분의 수고가 이 책을 완성시켰습니다. 고맙습니다.

이 책의 시작이 된 〈엄마의 이름을 찾아서〉 연재를 제안해주신 오마이뉴스 이주영 기자님. 기자님의 제안이 없었다면 이 책은 탄생할 수 없었을 거예요. 연재하는 동안 끊임없이 격려해주시고 용기를 불어 넣어주신 것 또한 잊지 않겠습니다.

사랑하는 나의 가족들. 어쩌면 숨기고 싶을 수도 있는 이야기들을 마구 써대는 아내를 늘 응원해주고 격려해준 나의 남편. 당신의 깊은 사랑과 지지에 진심으로 감사드립니다. 평등한 동반자적 관계를 위한 당신의 노력에도 존경을 표합니다. 진심으로 사랑합니다! 엄마가 책을 낸다 했을 때 누구보다 기뻐했던 나의 아들 은성아. 너는 정말이지 엄마에게 보석같은 존재란다. 너의 엄마이기에 더욱 성장할 수 있었어. 온 마음을 다해 사랑한다. 새벽에 일어나 글 쓸 때마다 옆에서 나를 지켜주던 우리집 막내 반려견 은이야. 문장이 떠오르지 않을 때 너의 보드라운 털을 쓰다듬거나, 너와 함께 산책하고 돌아오면 거짓말처럼 글이 술술 풀리기 시작했단다. 나의 일상에 함께해줘서 진심으로 고마워!

착한 며느리이길 포기한 저를 존중해주려 노력하시는 나의 시어머니! 어머님의 변화와 용기가 이 책을 쓰는 데 큰 영감을 주었어요. 늘 감사드립니다. 하늘나라에서 지켜보고 있는 나의 부모님. 딸의 책 출간을 그 누구보다 뿌듯한 마음으로 바라보고 계시리라 믿어요. 두 분의 사랑 덕분에 지금의 제가 있을 수 있었습니다. 함께 지낼 때 자주 못해 드린 말 이제야 전합니다. 사랑합니다. 고맙습니다.

엄마로 태어난 여자는 없다

초판 1쇄 인쇄 2020년 05월 25일
초판 1쇄 발행 2020년 06월 01일

지은이 송주연
펴낸이 이부연
책임편집 박서영

펴낸곳 (주)스몰빅미디어
출판등록 제300-2015-157호(2015년 10월 19일)
주소 서울시 종로구 내수동 새문안로3길 36, 용비어천가 725호
전화번호 02-722-2260
인쇄·제본 갑우문화사
용지 신광지류유통

ISBN 979-11-87165-68-2 13590

한국어출판권 ⓒ (주)스몰빅미디어, 2020

이 도서의 국립중앙도서관 출판예정도서목록(CIP)은 서지정보유통지원시스템 홈페이지(http://seoji.nl.go.kr)와 국가자료종합목록 구축시스템(http://kolis-net.nl.go.kr)에서 이용하실 수 있습니다. (CIP제어번호 : CIP2020014415)

인간의 본성을 파헤치는
통쾌하고 발칙한 심리 실험!

마음의 법칙을 알면 일, 사랑, 관계가 술술 풀린다!

오늘 읽고 바로 써먹는 심리학!

★ **마음의 수수께끼만 풀어도** ★

나 자신에 대한 이해가 훨씬 더 깊어진다!

알 수 없었던 인간에 대한 의문점이 풀린다!

복잡하고 어려운 관계가 한 방에 해결된다!

삶의 행복도가 올라가고 인생이 즐거워진다!

사람 보는 눈을 키워주는 50가지 심리 실험
마음의 수수께끼를 풀어드립니다

기요타 요키 지음 │ 조해선 옮김 │ 14,500원

아들은 '이해'하기 전에
먼저 '인정'해야 하는 존재다!

아마존 자녀교육 부문 200주 연속 베스트셀러!
30년 경력 자녀교육 전문가의 특별한 노하우 대공개!

★★★

"아들을 어떻게 키울 것인가에 대한
특별하고도 생생한 조언으로 가득하다!"

– 키커스 리뷰

★★★

노력할수록 상처받는 엄마를 위한
아들 공부

메그 미커 지음 | 장원철 옮김 | 15,000원